U0224658

## 我们
## 为什么不从地板上掉下去?
## 量子力学说:空间不是空的

亚原子领域素以不可思议而著称,在该领域存在着诸多根深蒂固的误解,譬如东方般的神秘感,以及关于所有事物之间相互联系的模糊不清的观点。考克斯和福修的论点是什么呢?那就是,没必要从这些角度来理解量子力学。可以这样坦白地说,在古怪的量子世界中有许多模糊不清的观点,它常常导致混乱,或直率地说导致坏科学。《量子宇宙》拨开迷雾,探讨人们在自然界里观察到的什么现象是导致我们必须引入量子理论的,它又是如何建立起来的,并且为什么我们对此充满信心,即是说,尽管它表面上看起来怪诞无比,但却是一个好理论。

《量子宇宙》中的量子力学为我们提供了一个具体的大自然模型,在本质上可与牛顿的运动定律、麦克斯韦的电磁理论和爱因斯坦的相对论相媲美。

《量子宇宙》汇集了两位当今世界一流的物理学家兼畅销书作家,只为了向读者展示人人都能够理解最艰深的科学问题。这本书是为感兴趣的外行们解释量子物理学的相关问题而写的。

书中记叙了 20 世纪 20 年代以及此后发展了量子力学的特异人物和奇闻趣事,以及理论发展演进过程中充斥的哲学斗争。

本书的核心论点是,没有必要用隐晦艰深的方式看待量子力学,它是一个简单易懂的理论,只要你理解量子力学,就能对自然界做出预测。

如果你对解开量子物理学的密码感兴趣,它是一个不错的起点,在学者的陪同下,作一次奇妙的量子宇宙之旅。

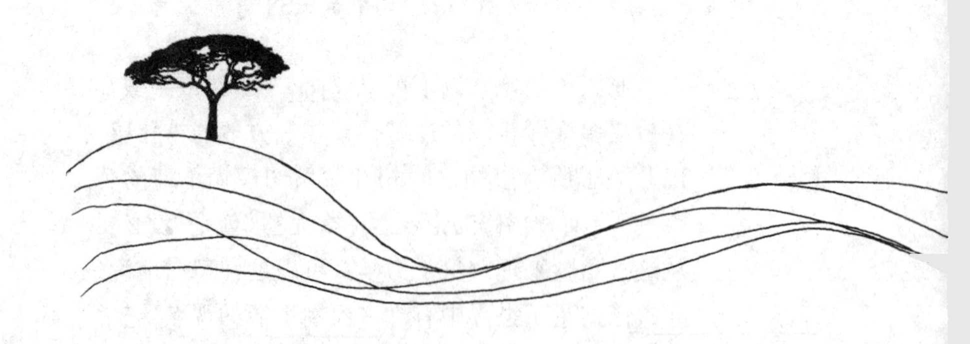

科学可以这样看丛书

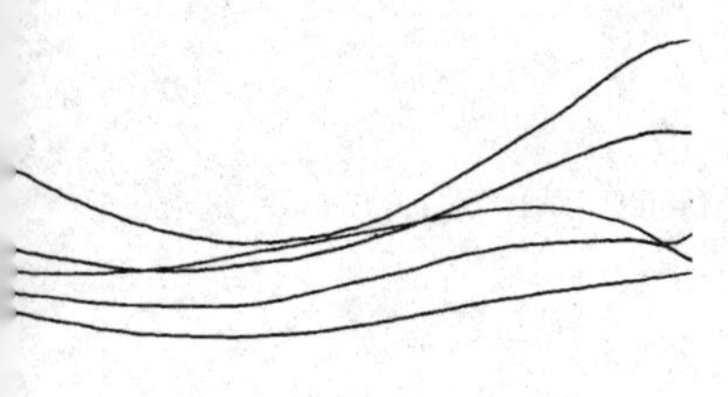

# 量子宇宙

## 一切可能发生的正在发生


［英］布莱恩·考克斯（Brian Cox）
杰夫·福修（Jeff Forshaw）著
伍义生　余　瑾 译



重庆出版集团　重庆出版社
果壳文化传播公司

版贸核渝字(2013)第006号

**图书在版编目(CIP)数据**

量子宇宙 /(英)布莱恩·考克斯(Brian Cox),杰夫·福修(Jeff Forshaw)著;伍义生,余瑾译.一重庆:重庆出版社,2013.6(2019.8 重印)
(科学可以这样看丛书 / 冯建华主编)
ISBN 978-7-229-06396-2

Ⅰ.①量… Ⅱ.①考… ②福… ③伍… ④余… Ⅲ.量子宇宙学—普及读物 Ⅳ.①P159-49

中国版本图书馆 CIP 数据核字(2013)第079690号

**量子宇宙**

THE QUANTUM UNIVERSE

〔英〕布莱恩·考克斯(Brian Cox) 杰夫·福修(Jeff Forshaw) 著
伍义生 余 瑾 译

出 版 人:罗小卫
责任编辑:冯建华
责任校对:夏 宇
封面设计:重庆出版集团艺术设计有限公司·黄 杨

重庆市南岸区南滨路162号1幢 邮编:400061 http://www.cqph.com
重庆出版集团艺术设计有限公司制版
重庆市国丰印务有限责任公司印刷
重庆出版集团图书发行有限公司发行
E-MAIL:fxchu@cqph.com 邮购电话:023-61520646
全国新华书店经销

开本:720mm×1 000mm 1/16 印张:13.5 字数:190千
2013年6月第1版 2019年8月第1版第16次印刷
ISBN 978-7-229-06396-2
**定价:32.80元**

如有印装质量问题,请向本集团图书发行有限公司调换:023-61520678

## Advance Praise For the Quantum Universe

## 《量子宇宙》一书的发行评语

“在英国，布莱恩·考克斯已经成为了物理学界的领军人物……考克斯已经拥有了一大批粉丝……他恰当地运用简短的语言，并且使用简单的类比来巧妙地呈现复杂的观点。他还令人钦佩地避免了沉闷的叙述。作者对于学科的热爱跃然纸上。”

——《经济学家》（*The Economist*），2011. 11. 5

“全面地叙述了量子力学的作用原理，以及它的正确性……读完本书可以了解很多知识，并且无论是语言还是内容都经过精心挑选，简明扼要。”

——《新科学家》（*New Scientist*），2011. 11. 5

“英国人最喜爱的物理学家没有片面地支离破碎地展现科学，而是献上了一部精确的量子力学入门作品。”

——《华尔街日报·欧洲版》（*Wall Street Journal Europe*），2011. 11. 11

“这本由最著名的两位英国物理学家撰写的著作，打破了所有科普读物的陈规。”

——《经济学家》（*The Economist*），2011. 12. 10

“得益于他的电视科学讲座，布莱恩·考克斯已经成为英国名气最大的物理学教授。再没有人能像他那样让人陶醉地、激情四溢和通俗易懂地将宇宙的奥秘呈现在大众面前。考克斯与杰夫·福修合著的最新作品仍然保持了这种魅力和热情……这是一部严肃的、完整的讲述量子理论的著作，适合普通读者。”

——《金融时报》（*Financial Times*），2011. 11. 11

“一般的科普读物并没有什么明显的缺点，但求知欲更强的读者不会遗憾选择了这本一丝不苟的著作……空间并不‘空’；物质经常出现和消失。如果量子规则并没有规定某些事情不能发生，那么最终它就会发生。

这是事实，并且实验也证实了这一点。作家们往往用极为不专业的语言来解释这些现象，从而将它们转化成一场魔术秀，可是考克斯和福修不会这样。他们巧妙地运用了教育学的方法来举例证明不可思议的量子现象是完全合理的……雄心勃勃地解释了浩瀚的量子宇宙，适合愿意动点脑筋思考的读者。

——《科克斯评论》(*Kirkus Reviews*)，2012. 1. 15

"细致地从读者的角度来进行解说，绝不会故意有所保留……如果你对现实世界感兴趣，并且希望就过去一百年中人类在人文科学领域取得的主要成就获得一个精彩的介绍，你应该捧着这本书慢慢地阅读和细细地品味，让它成为您生活的一部分，那么您的生活将变得越来越好。"

——《赫芬顿邮报》(*Huffington Post*)，2012. 2. 8

"非常有趣的一本书，对于想要研究量子力学但却缺乏牢固的数学或物理学基础的人，或是在学校里学过数学或物理学的、并且想要继续深入研究量子世界的人，我们都强烈推荐本书。"

——《技术和社会》(*Technology and Society*)

"信息量很大，全书都具有趣味性……不是一本可以快速、轻松、容易读完的书。但它是一本重要的书，并且考克斯和福修值得赞扬，因为他们两人让一门极为困难的学科变得尽可能的容易，但不能再容易，并被人们认识和理解。"

——InfoDad. com，2012. 2. 23

"如果你对解开量子物理学的密码感兴趣，它是一个不错的起点。"

—— BlogCritics. org，2012. 2. 21

"布莱恩·考克斯和杰夫·福修非常注意让书容易被读者理解，不过他们也不遗余力地讨论了量子理论的复杂性。详细程度远远超过了其他的书。要在这两者之间达到平衡并不容易，可他们做得非常好。"

——About. com，2012. 1. 28

“这是一本很好的量子力学入门书籍。《量子宇宙》是一本写给普通读者的书。读者们可能会喜欢它，而且它同时也是对苦心学习早期量子力学课程的物理专业学生的一个很好的补充读物。如果你特意挤出时间来读完这本书，可以获得对量子力学及其原理的深刻认识。可能没有比读这本书更容易理解量子力学的了，至少相对其他书来说是这样。”

——《得克萨斯日报》(*Daily Texan*)，2012. 2. 12

“一次迷人的小站之旅，将我们从该领域的诞生之初一直带到标准模型的现代测试……简洁易懂，时有逗趣之语。”

——《华尔街日报》(*Wall Street Journal*)，2012. 2. 26

“以深刻和我们希望的令人满意的方式理解量子世界，并不一定要以极为精确的方式描述它的内在原理。此书对一系列规则所产生的后果进行了极为精确的数学描述，尽管这些规则看起来非常奇怪，但它们确实在发挥作用，这也正是考克斯教授和福修教授简短叙述的核心。《量子宇宙》这本书也许并不能揭开量子理论的神秘面纱，可是它确实给了读者一个概念，这本书试图‘登上’的高峰究竟有多高，并为我们提供了一个立足之点，让我们能够开始自己的‘攀登’。”

——《纽约图书月刊》(*New York Journal of Books*)，2012. 2. 15

“如果你付出努力，你将会喜欢上这本书并从中获益，并且在闲聊时，如果从你的嘴里蹦出几个类似‘夸克’和‘玻色子’的单词，旁人会马上对你刮目相看。”

——《查尔斯顿邮信报》(*Charleston Post and Courier*)，2012. 2. 19

“以一段任何在大学学过物理学的人都熟知（即使没学过的人也能看懂）的科学简史开始，考克斯和福修接着开始解释元素周期表的根源、强核力和弱核力、‘为什么我们在跌倒时不会穿过地板’，以及无数其他有趣的主题。”

——《出版周刊》(*Publishers Weekly*)，2012. 3. 5

“布莱恩·考克斯和杰夫·福修都有一种独特的技能，能将复杂的主题变得易于理解。本书是现代科学思想的一部杰作，非常值得付出时间和注意力。本书易于阅读，虽然它具有深刻的科学基础。作者付出了大量的时间和耐心来实现他们所想要展示的，并充分展示了他们的洞察力、格调和智慧。”

——《旧金山书评》（*San Francisco Book Review*）/
《萨克拉门托书评》（*Sacramento Book Review*），2012. 3. 2

“对于想要更多学习物理学特别是量子力学的人，这是一个很好的开端。量子力学是物理学中最让人困惑、最不为人认识的一个分支。《量子宇宙》……是一个好的开始。”

——PopMatters. com，2012. 4. 4

“讨论了量子理论领域流行的主题，采用了一种可读性强的叙述风格。”

——《参考和研究著作消息》
（*Reference and Research Books News*），2012. 4

“好的尝试，让一个复杂而极为混乱的学科能为常人所理解……在最后一章，你会发现垂死恒星的细节是那么让人兴奋，如同作者所感受到的那样。本书是量子力学基本概念的一本优秀入门读物，充满了个性和信息。”

——《读一本好书》（*Curled Up with a Good Book*），2012. 4. 18

“（考克斯和福修）娴熟地将难以理解的变得容易理解……（并且）让抽象的变得有形。毫无疑问，这本书不适合放在浴室里、玩游戏的间隙或电视节目插播商业广告的时候快速阅读，可是它值得你付出时间和努力来理解到底是什么导致了我们这个世界的运转。”

—— WomanAroundTown. com，2012. 4. 12

“两位物理学家运用简单的类比来解释这个不可思议的量子理论世界。”

——《科学新闻》（*Science News*），2012. 4. 21

“很高兴能看到有这样一个科学题目，将日常生活和复杂的科学课题联系到一起……为那些几乎不具备任何科学背景的普通读者献上了一场精彩的讨论。”

——《中西部书评》(*Midwest Book Review*)，2012. 4

“考克斯和福修的目标是阐明这个复杂的主题，并且他们成功了。他们展现了貌似奇怪的量子世界背后的科学原理。读者们能够为作者洋溢的热情所感染。作者表明了量子理论事实上是如何影响了我们的日常生活。跟随考克斯和福修的节奏来读完这本书是一件让人高兴的事：他们运用了一种简单而直接的方式，使读者可以轻松地明白他们的解释。他们成功地完成‘揭开量子理论的神秘面纱，而不有损于它的吸引力’这一目标。”

——《超心理学在线评论》

(*Metapsychology Online Reviews*)，2012. 5. 27

“本书的开头几章是对该课题的一个精彩而快捷的入门介绍，就像你能从其他地方获得的一样好。”

——《美国物理学报》(*American Journal of Physics*)，2012. 6

“充满了简短的引述，展示了考克斯撰写科普读物的娴熟程度……他再一次实现了和福修的成功合作……（英国）曼彻斯特大学教授写作的风格让人想起了美国物理学界的理查德·费曼……（这是）一本具有趣味性的、虽然略带挑战性的量子入门读物……我们向读者强烈推荐。”

——《选择》(*Choice*)，2012. 8

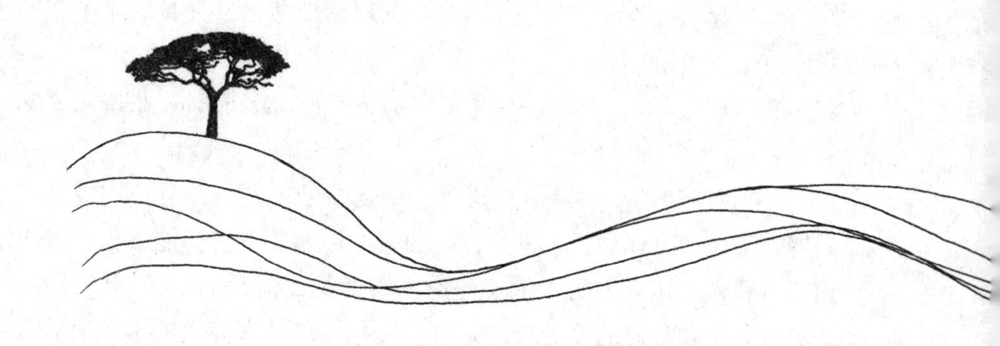

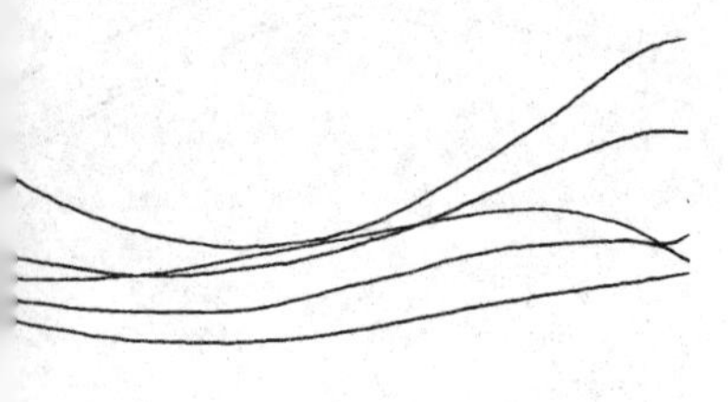

# 目录

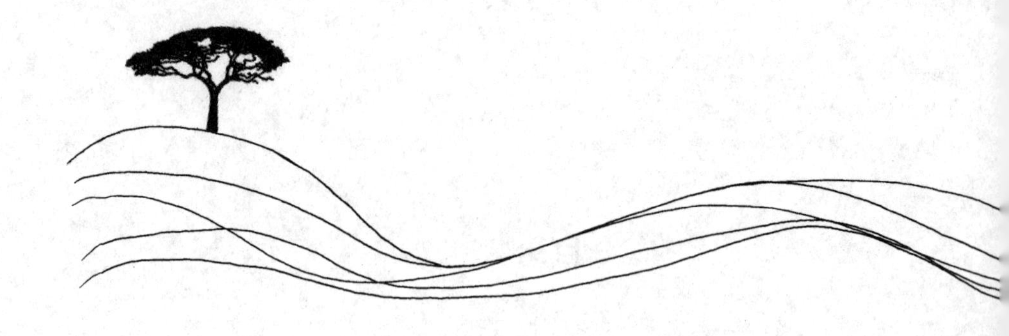

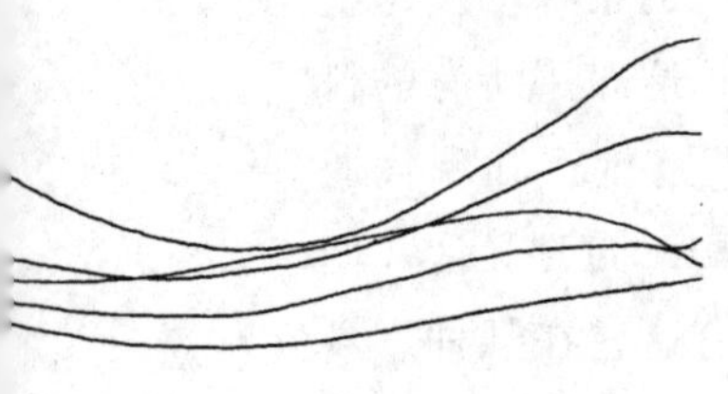

# 1. 奇怪的事情正在发生

一提到量子这个词就立刻让人感到困惑，又让人着迷和回味无穷。它或者是科学巨大成功的证明，或者是在我们解开亚原子领域不可避免的奇怪现象与有限范围的人类直觉的象征，这要看你怎么看。对物理学家来说，量子力学是支持我们认识大自然的三大支柱之一，其他两个是爱因斯坦的狭义相对论和广义相对论。爱因斯坦的理论处理空间和时间的性质与引力。量子力学处理除此之外的一切。有人可能主张，不管量子力学是令人困惑的或是令人着迷的，这都不要紧；它只是一个描述事物行为方式的物理学理论。用这个实用主义的标准来衡量，它的精准度和解释能力是令人满意的。有一个量子电动力学的实验，是一个最古老的和最好地理解现代量子理论的实验，其中包括测量磁铁附近的电子的行为方式。理论物理学家努力工作了许多年，用笔、纸和计算机预测这个实验会发现什么。实验者设计和进行精密的实验来找出大自然的精细的性质。这两支队伍独立地宣布了精确的结果，其准确性可以和测量英国曼彻斯特与美国纽约之间的距离误差只有几厘米相比较。尤其值得注意的是，由一些实验者返回的数值与理论家的计算精确一致；测量与计算完美吻合。

这些事实给人的印象是深刻的，但也是难以理解的，如果量子理论描绘的仅仅是微小的模型，你可能会忘记怀疑所有那些大惊小怪的事情。虽然科学不是一下子就能派上用场的，但许多改变了我们生活的技术和社会的变化，都是源于现代的探索者所进行的基础研究，他们的唯一动机是更好地了解他们周围的世界。这些由于好奇心引导的发现，遍布了所有的科学学科，结果是增加了人类的预期寿命，实现了洲际航空旅行和现代通讯，免除了农场和清扫的苦役。这些结果使我们受到鼓舞，同时又让我们清楚地认识在这个无限星辰的大海中我们的位置。但所有这些在某种意义上都是一些副产物。我们探索是因为我们好奇，而不是因为我们希望得到宏伟的现实结果，或把我们的生活点缀得更好。

量子理论或许是从最神秘莫测变成非常有用的最好例子。它之所以神秘，是因为它描述了一个粒子可以同时存在于世界的几个地方，并且通过同时探测宇宙，一个粒子可以立即从一个地方移动到另一个地方。它之所以有用，是因为对建造宇宙的最小建筑砖块行为的理解，加强了我们对其他一切事物的理解。这种说法近乎有些主观，因为这个世界充满了多样性和复杂性的现象。尽管有这样的复杂性，我们发现一切都是按照量子理论规则的、由到处移动的一些极小粒子构成的。这个规则是如此之简单，以至于可以在一个信封的背面写上几句话，就把它们概括出来。事实上，我们不需要一整座图书馆的书去解释事物的基本性质，这是所有秘密中最大的奥秘。

看来，我们了解世界的基本性质越多，它看上去就越简单。我们将在适当的时候解释这些基本规则是什么，这些极小的建筑砖块是怎样巧妙地形成世界的。但是，为了避免宇宙的这个基本的简单性不使我们太吃惊，我们要提醒一句：虽然游戏的基本规则很简单，其结果却不一定容易计算。我们日常对世界的经验，是从由亿万个原子组成的巨大物体之间的关系得来的，因此试图从基本原理得出行星和人类的行为将会是愚蠢的。承认这一点并不会减弱我们的主要观点，即一切现象实际上是以极小粒子的量子物理为基础的。

想想你周围的世界。你拿着一本由纸做的书，即一棵树的碎浆做的书。[1] 树是能供应原子和分子的机器，将它们打碎并重新排列成由亿万个单独部分构成共同的一个群体。它们是用称为叶绿素的分子完成这项工作的，一个叶绿素由100多个碳、氢和氧原子组成，扭结成一个复杂的形状，靠一些镁和氮原子结合在一起的。这些粒子组合在一起可以捕捉从比我们地球大100万倍的核火炉，我们的太阳发出的，经过了9 300万英里（14 967万公里）的光线，并把这个能量转移到细胞的内部，利用这个能量将二氧化碳和水建造成分子，并在此过程中制造充实生命的氧。正是这些分子链形成树的上层结构和所有的生物，以及你书中的纸。你能阅读这本书和了解书中的内容，是因为你的眼睛可以将页面的散射光转化为电脉冲，由宇宙中我们所知道的最复杂的大脑进行解释。我们发现这些东西正是原子的集合，并且各种各样的原子仅由3种粒子构成：电子、质子和中子。我们还发现，质子和中子本身是由更小的称为夸克的实体组成的，这是我们目前所知道的事情。而支撑所有这一切的是量子理论。

因此，正如现代物理学所揭示的，透过宏观世界的视野和多样性，我们所居住的宇宙的图像是一个潜在的简单优雅的现象。这也许是现代科学最大的成就；将世界，包括人类在内的巨大的复杂性简化为描述一些微小的亚原子粒子的行为，和作用在它们之间的4种力。4种力中的3种力已经得到最好的描述：在原子核内部深处运行的强核力和弱核力，和将原子与分子黏在一起的电磁力，都是量子理论给出的。只有万有引力，这个最弱的却为我们最熟悉的力，目前还没有满意的量子理论描述。

不可否认，量子理论是有些古怪，有些人认为它在胡言乱语。猫怎么可能既是活的，又是死的；粒子怎么可以同时在两个地方；海森堡说一切都是不确定的。然而这些事情都是真实的，只是因为在微观世界发生的一些奇怪的事情使我们迷惑不解，所以得出的结论常常是最不确切的。超感知觉、神秘的愈合、振动手镯可以保护我们免受辐射，以及谁知道还有什么稀奇古怪的事，都在“量子”这个词的掩盖之下常常被认为是可能偷偷进入神殿的。这些胡说八道出自缺乏清晰的思维、一厢情愿的思考、真诚的或恶作剧的误解，或上述这一切的某些不幸的组合。量子理论精确地描述世界，它利用的数学定律像牛顿或伽利略提出的任何定律那样具体。这

---

〔1〕除非你读的是一本电子版的书，在读纸质书的情况下你需要锻炼你的想象力。

就是为什么我们可以极其精确地计算一个电子的磁响应（the magnetic response）。量子理论提供了一个自然的描述，正如我们将会发现的，它有很大的预测能力和解释能力，可解释从硅片跨越到星星的广阔范围的现象。

我们写这本书的目的，是要使量子理论非神秘化；这个理论的框架已经被证明是十分混乱的，甚至对它的早期实践者来说也是如此。我们的方法是采用现代观点，利用一个世纪以来的了解和理论的发展。然而，为了做好准备，我们从19世纪末和20世纪初开始我们的旅程，考察一些导致物理学家从根本上背离过去的原因。

量子理论，像科学上的其他案例一样，是由于发现的自然现象不能用当时的科学范例来解释而出现的。量子理论的种类繁多，各有不同。一连串莫名其妙的结果引起激动和混乱，并促成一个阶段的实验与理论创新并举时期：一个黄金时代的到来。其主角的名字镌刻在每一位物理学学生的意识中，并占据着时至今日的大学教学课程：卢瑟福、玻尔、普朗克、爱因斯坦、海森堡、保罗、薛定谔、狄拉克。在历史上也许再也不会有这样一个时期，如此众多的科学家在寻求同一个目标上取得了巨大的科学成就；建立了一个新的构成物理世界的原子和力的理论。在1924年，新西兰出生的物理学家，在曼彻斯特发现了原子核的欧内斯特·卢瑟福（Ernest Rutherford），在回顾之前几十年的量子理论时写道："1896这一年……恰当地标志着被称为物理科学英雄时代的到来。在此之前，物理学史上从未有过这样一段剧烈的活动时期，具有根本性的、重要性的发现以令人困惑不解的速度一个接一个地而来。"

但在我们旅行到19世纪末的巴黎和量子理论诞生之前，"量子"（quantum）这个词本身是什么呢？这个术语是在1900年通过马克斯·普朗克（Max Planck）的工作进入物理学的。普朗克那时关注的是找到一个热物体所发出的辐射，对所谓的"黑体辐射"（black body radiation）的理论描述。德国一家电照明公司委派他做这件事情：一扇通往"宇宙"的大门就这样悄然打开了。在本书的后面，我们将更加详尽地讨论普朗克的伟大洞察力，为简短介绍起见，这里只说他发现了，只有假定光是以他所说的小能量包，即"量子"（quanta）的形式发射的，才有可能解释黑体辐射的性质。量子这个词本身就意味着"包"或"离散"。最初，他认为这是纯粹的数学技巧，但随后在1905年由阿尔伯特·爱因斯坦对称做光电效现象所做的工作进一步支持了量子假说。这些结果让人产生联想，因为小能量包可以认为是与粒子同义的。

认为光是一串小子弹的想法有着漫长的和悠久的历史，可以追溯到现代物理学的诞生及艾萨克·牛顿时代。但是苏格兰物理学家詹姆斯·克拉克·麦克斯韦（James Clerk Maxwell），于1864年发表的一系列文章似乎已经全面消除了任何挥之不去的疑虑。阿尔伯特·爱因斯坦后来将麦克斯韦的这些工作描述为“自牛顿时代以来物理学所有过的、最深远的和最富有成果的成就”。麦克斯韦表明，光是一种通过空间涌动的电磁波，这样，光是一种波的想法，有了一个完美无暇的、似乎是无懈可击的来源。然而，亚瑟·康普顿（Arthur Compton）和他的同事们在1923—1925年间，在华盛顿圣路易斯大学所做的一系列实验中，成功地使光量子（the quanta of light）从电子中跳出。二者的表现都很像台球，因此提供了明确的证据表明普朗克的理论推测有一个坚实的现实世界基础。1926年，光量子被命名为“光子”（photons）。这些证据无可争议地表明光的行为既是波，也是粒子。

这标志着经典物理的结束和量子理论的开始。

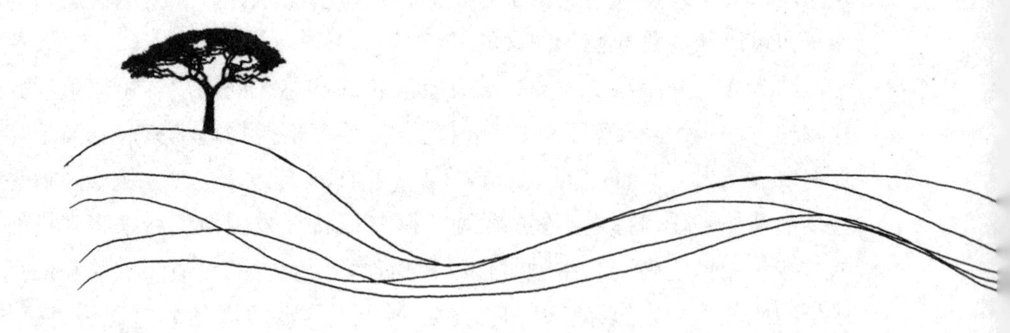

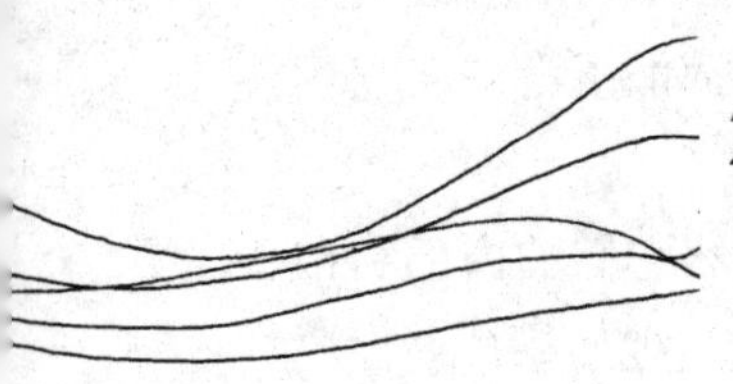

# 2. 分身术

## （同时出现在两个地方）

欧内斯特·卢瑟福将1896年作为量子革命的起点，因为这一年在他的巴黎实验室工作的亨利·贝克勒尔（Henri Becquerel）发现了放射性。贝克勒尔尝试用铀化合物产生几个月以前，由威廉·伦琴（Wilhelm Röntgen）在德国维尔茨堡（Würzburg）刚刚发现的X射线。相反地，他发现铀化合物排放“铀射线”，能够使不透光的裹在厚厚的纸里的底片变黑。早在1897年，贝克勒尔射线的重要性就被伟大的科学家亨利·庞加莱（Henri Poincaré）所写的综述文章所承认，他预见了这个发现的重要性：“我们今天可以认为它将为我们打开一扇通往新世界的大门，没有人会怀疑。”有关放射性衰变已被证明暗示着将要到来的事情，令人费解的是似乎没有什么外因触发这些射线的发射；它们只是自发地和不可预知地冒出来的物质。

在1900年，卢瑟福指出了这个问题：“同时形成的所有原子应持续一定的时间间隔。然而，这与观察的转变规律是相反的，其中原子的寿命可以从零到无穷大的任意值。”这种微观世界行为的随机性让人震惊，因为在此之前，科学是绝对地确定性的。如果，在时间上的某一时刻，你知道的有关某件事情是你可能知道的一切，那么可以相信，你就可以绝对确定地预测在将来会发生什么。这种预测类型的终结是量子理论的关键特征：它处理可能性，而不是确定性，这并不是因为我们缺乏绝对知识，而是因为自然界的某些方面从根本上是由概率的规律控制的。所以，我们现在明白，预测一个特定的原子何时会衰变是完全不可能的。放射性衰变是科学第一次遇到大自然玩掷骰子游戏，它困惑了许多物理学家很长的时间。

显然，在原子内部有一些有趣的事情在进行着，虽然它们的内部结构是完全未知的。关键性的发现是卢瑟福在1911年做出的，他使用放射性源轰击一个非常薄的金板，用的放射性类型叫做α粒子（我们现在知道它们是氦原子核）。卢瑟福和他的同事，汉斯·盖革（Hans Geiger）和欧内斯特·马斯登（Ernest Marsden），惊喜地发现在8 000个α粒子中有一个没有像预期的那样飞越穿过金板，而是直线被弹了回来。卢瑟福后来用丰富多彩的语言描述了这一时刻："在我的生命中，这是发生的最不可思议的事件。这几乎是不可相信的，就好像你用15英寸（38厘米）的炮弹射击一张薄纸，结果是炮弹被弹了回来打着你。"根据大家所说，卢瑟福是一个投入和严肃的人：他曾把一位自认为重要的官员描述为"像一个欧几里得点：他有位置，但没有重要性"。

卢瑟福计算得出，只能假定原子是由中心非常小的核和围绕它的电子组成，才能解释其实验结果。在那时，他的心中可能已经有了类似行星绕着太阳旋转的模型。原子核几乎包含了原子的所有质量，这就是为什么它有能力阻拦好比卢瑟福"15英寸炮弹"的α粒子，并使它弹了回去。氢是最简单的元素，它的核由单个质子组成，半径约$1.75\times10^{-15}$米。如果你不熟悉这个符号，这意味着0. 000 000 000 000 001 75米，或换句话说，1米的1 750万亿分之一。就我们今天认识到的是，单个电子就像卢瑟福所描述的自命不凡的官员，呈点状，围绕着氢核旋转，其轨道半径为氢核半径的大约100 000倍。核中有一个正电荷，电子有一个负电荷，这意味着它们之间有一种吸引力，类似保持地球围绕太阳旋转的引力。这又意味着原子的大部分空间是空的。如果你想象把一个原子核扩大到网球的大小，那么小小的电子会小于一粒尘埃，它的轨道在距离网球1公里处。这些数字是相当令人吃惊的，因为对固体物质而言，我们显然感觉不到它是空的。

卢瑟福的核原子为当时的物理学家提出了一系列的问题。例如，众所周知的，当电子在围绕原子核的轨道上移动时应当失去能量，因为所有带电荷的东西如果沿曲线运动时将辐射能量。这是无线电发射机运作背后的理念，在发射机内电子产生振动，结果发射出电磁波。海因里希·赫兹（Heinrich Hertz）在1887年发明了无线电发射机，并且在卢瑟福发现原子核之前已经有了一个商业广播电台，从爱尔兰跨过大西洋向加拿大发送消息。因此，轨道电荷理论和发射无线电波显然没有什么错，这就让试图解释电子何以能够停留在围绕原子核的轨道上的人们产生了困惑。

一个同样令人费解的现象是当原子被加热时发出光的秘密。早在1853年，瑞典科学家安德斯·乔纳斯·昂斯特伦（Anders Jonas Ångstrom）让放电火花通过一个氢气管，并分析所发出的光。人们可能会假定，一个发光的气体会产生彩虹的所有颜色；说到底，太阳不就是个发光的气态球吗？相反，昂斯特伦发现氢气发出3种明显不同的颜色：红色、蓝绿色和紫色，像一个有着三种纯粹、狭窄弧光的彩虹。很快就发现每一种化学元素都呈现这种方式，发射一个独一无二的彩色条带。在卢瑟福的核原子出现之际，一个名叫海因里希·古斯塔夫·约翰尼斯·凯瑟（Heinrich Gustav Johannes Kayser）的科学家，编辑了6卷，5 000页，定名《光谱学手册》（*Handbuch der Spectroscopie*）的参考书，记录了所有的已知元素的发光彩色线。当然，问题是为什么？在晚餐聚会上人们一定会问开心的凯教授，不只是“为什么，凯教授？”而是“为什么这么多的彩色线？”在过去的60年中，众所周知光谱学取得了显著的成就，但同时又是一块理论的荒芜之地。

在1912年3月份，丹麦物理学家尼尔斯·玻尔（Niels Bohr）迷上了原子结构问题，前往曼彻斯特会晤卢瑟福。他后来说，尝试从光谱学数据解开原子内部运作的秘密，就像是从蝴蝶的彩色翅膀得出同源的生物学基础一样。卢瑟福的太阳系原子给玻尔提供了需要的线索，并且在1913年玻尔发表了第一篇原子结构的量子理论文章。这个理论肯定有它的问题，但是它包含了几个关键的思想，促进了现代量子理论的发展。玻尔的结论是，电子只能采取围绕原子核的一定的轨道运行，能级最低的轨道最靠近核心。他还说，电子能够在这些轨道之间跃迁。当它们吸收能量后（以点火管中的火花为例）跳跃到更高的轨道，经过一段时间之后，又跳落回原来的轨道，在此过程中发出光。光的颜色直接由两个轨道的能量之差确定。图2.1说明了基本概念，箭头代表一个电子从第三能级跳回到第二能级，同时发出光线（由波浪线代表）。在玻尔的模型中，电子只容许在这些特殊的“量子化”（quantized）的轨道中的一个轨道上绕质子旋转；螺旋向内是完全禁止的。用这种方式，玻尔用他的模型计算被昂斯特伦观察到的光的波长（即颜色）——这些波长（即颜色）的产生归因于一个电子从第五轨道跳回到第二轨道（紫色光），从第四轨道下降到第二轨道（蓝绿色光），或从第三轨道下降到第二轨道（红色光）。玻尔的模型还正确地预测，当电子跳回到第一轨道时应该有光线发射出来。这个光是在光谱的紫外线部分，人的眼睛看不见，因此昂斯特伦也没有看见。然而，在1906年哈佛大学的物理学家西奥多·李曼（Theodore Lyman）发现了这个看不见的紫外光，并且玻尔的模型完美地描述了李曼的数据。

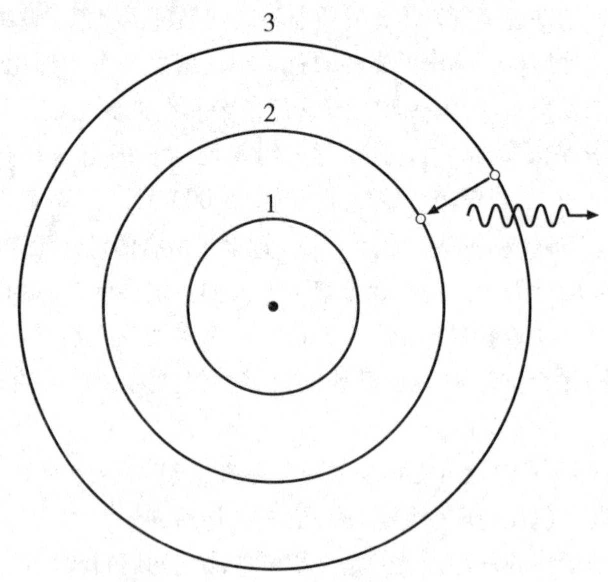


**图2.1　玻尔的原子模型，说明当一个电子从一个轨道向下跳落到另一个轨道（箭头指示）时发射一个光子（波浪线）。**

虽然玻尔没有把他的模型扩展到氢原子以外，但他所引入的思想可以用到其他的原子上。特别是，如果假设每个元素的原子有唯一一组轨道，那么它们永远只能发出某些颜色的光。因此，一个原子发出颜色的行为就好像指纹，天文学家们无疑会迫不及待地考察原子发出的光谱线的独特性，作为一种确定星体化学成分的方法。

玻尔模型是一个好的开始，但它显然是不能令人满意的：为什么电子被禁止螺旋向内移动呢？因为我们都知道电子发射电磁波时会失去能量，由于无线电出现在现实生活中，这个想法是根深蒂固的。还有，为什么首先是电子轨道量子化呢？以及，氢原子以外的重元素会怎样呢？人们怎样才能理解它们的结构？

虽然玻尔的理论可能不成熟，但它是关键的一步，是科学家怎样取得进展的一个例子。在面临困惑和常常是十分难解的证据时，科学家常常根本找不到要点。在这种情况下，科学家往往作一个假设，一个基于事实作出的有把握的猜测，然后计算猜测的结果。如果猜测成立，在随后的理论与实验吻合的意义上，你可以有一定的信心回过头来更详细地去理解你初始的猜测。玻尔的假设是成功的，但却不能得到解释，这种状况持续了13 年。

正如本书要展现的，我们将重温这些早期量子论思想的历史，但是现在我们要留下大量的奇怪结果和只回答了一半的问题，因为这是量子理论的早期创始人所面对的。总起来说，在普朗克、爱因斯坦引入光是由粒子构成的想法之后，由麦克斯韦证明光还表现得像波。卢瑟福和玻尔是引导了解原子结构的先驱，但原子内部电子的行为与任何已知的理论不符合。综合起来统称为放射性，即原子不知何故自发分裂的各种各样现象仍然是个谜，尤其是因为它引进一个令人不安的随机元素到物理学中。毫无疑问的是：在亚原子世界里，一些奇怪的事情正在进行中。

向着一致的、统一的答案迈进的第一步，要归功于德国物理学家沃纳·海森堡（Werner Heisenberg），他所做的工作完全代表了研究物质和力的理论全新的方法。在 1925 年 7 月，海森堡发表了一篇文章，抛弃了旧的大杂烩思想和半成熟理论，包括玻尔的原子模型，开创了一个全新的物理学方法。他在文章的开头写道："本文将尝试为量子理论力学奠定一个安全可靠的基础，它是唯一建立在原则上可观察量之间的关系上的。"这是重要的一步，因为海森堡说，量子理论的基础数学不需要相应于我们熟悉的任何事情。量子理论的工作应直接预测可观察的事物，如氢原子发出的光的颜色。不应当指望提供一种令人满意的原子内部运作的内心图片，因为这不是必须的，甚至可能是不可能的。海森堡一下子就全部删除了自以为是的想法，大自然的运作必定要符合常识。这并不是说不应该指望亚原子世界的理论，在描述像网球和飞机等大物体的运动时要符合我们的日常经验。但是我们必须做好准备放弃偏见，认为小东西的行为像大东西的小版本一样，我们对小东西的实验观察决定不一定和大东西一样。

毫无疑问量子理论是棘手的，绝对毫无疑问的是海森堡的方法的确是极其棘手的。一位伟大的如今还健在的物理学家，诺贝尔奖得主史蒂文·温伯格（Steven Weinberg），在评论海森堡 1925 年的文章时说：

> 如果读者对海森堡所做的感到神秘，这是不奇怪的，别人也同样如此。我试了几次阅读海森堡从戈兰高地返回时写的文章，虽然我认为我懂得量子力学，我却从未理解海森堡在他的文章中所采取的数学步骤的动机。理论物理学家在他们最成功的作品中倾向于扮演两个角色之一：要么是圣人，要么是魔术师……通常不难理解圣人-物理学家的文章，但魔术-物理学家的文章往往难以理解。在这个意义上，海森堡 1925 年的文章是纯粹的魔术。

但是，海森堡的哲学不是纯粹的魔术。它是简单的，并且是本书所用方法的核心：大自然的理论所做的工作是预测可以与实验结果作比较的量。我们不指望产生一种理论，能够容纳任何有关我们看待世界的方式。幸运的是，尽管我们采用的是海森堡的哲学，但我们将遵循理查德·费曼（Richard Feynman）的更加透明的研究量子世界的方法。

在前面几页，我们在字面上用了“理论”这个词，在我们继续构建量子理论之前，更详细地看一下一个简单的理论应该怎样才是有益的。一个好的科学理论指定一组规则，决定在世界上的某一部分什么可以发生和不能发生。它们所做的预测必须能够通过观察进行检验。如果证明预测是错的，这个理论就是错的，必须被取代。如果预测和观察符合，这个理论成立。因为每个理论总是可能有缺陷的，所以在这个意义上，没有一个理论是“真理”（true）。正如生物学家托马斯·赫胥黎（Thomas Huxley）写道：“科学是有组织的常识，其中很多漂亮的理论被残酷的事实灭杀了。”任何经不起考验的理论不是科学的理论——或许我们可以说它根本没有可靠的信息内容。这就是为什么科学理论是来自不同的观点要依赖于证伪。顺便说一下，“理论”（theory）这个词的科学含义与它原来的用法是不同的，它往往表示一定程度的推测。科学的理论，如果尚未面临证据，可能是投机的。但是，一个确立的理论是由大量的证据支持的。科学家努力发展能尽可能涵盖广泛现象的理论，物理学家特别热衷于用少数的规则描述在物质世界中可能发生的一切。

一个具有广泛适用性的好理论的例子是艾萨克·牛顿的万有引力理论，发表在1687年7月5日他的《自然哲学的数学原理》（*Philosophi Naturalis Principia Mathematica*）中。它是第一个现代的科学理论，虽然它后来被证明在某些情况下是不准确的，但它是如此之好，以至于今天我们仍然在使用。爱因斯坦在1915年建立了一个更为精确的引力理论，那就是广义相对论。

牛顿的万有引力描述可以用一个单一的数学方程表达：

$$F = G\frac{m_1 m_2}{r^2}$$

这个公式对你来说可能是简单的或复杂的，这取决于你的数学背景。在本书中我们偶尔利用数学。对于数学上有困难的读者，我们建议跳过这个方程，而不必过于担心。我们总是试图用一种不依赖数学的方式来强调关键的思想。因为，包括数学的目的是为了让我们能够真正地解释为什么事情会是这样的。没有它，我们就应该借助物理学大师的智力，从而了解深奥的道理，如果两者都不具备，作者将不会安于大师的地位。

现在让我们回到牛顿方程。想象有一个苹果摇摇欲坠地挂在一棵苹果树的枝条上。根据民间传说：一个夏天的下午，一个特别成熟的苹果掉到牛顿的头上，激发了他引力的想法，导致牛顿形成他的理论。牛顿说，苹果受到万有引力作用，把它拉向地面，这个力在方程中用符号 $F$ 代表。这样，如果你知道等号右边的符号是什么意思，用此方程就可以计算作用在苹果上的力。符号 $r$ 代表苹果中心与地球中心之间的距离。$r^2$ 的原因是因为牛顿发现这个力取决于物体之间距离的平方。用非数学语言表示，这意味着，如果苹果中心与地球中心的距离变成2倍，引力变为1/4。如果距离变为3倍，引力变为1/9，等等。物理学家称这种行为为平方反比定律。符号 $m_1$ 和 $m_2$ 代表苹果和地球的质量，牛顿认为两个物体之间的引力由它们质量的乘积决定。这样就产生了一个问题：什么是质量？这本身是个有趣的问题，今天可以得到的最深刻的答案需要等到我们谈论一个称为希格斯玻色子（Higgs boson）的量子粒子时揭开。粗略地说，质量是某物的

"物质"数额的衡量；地球比苹果更巨大。然而，这一种说法不是真的很好。幸运的是，牛顿也提供了一个独立于他的万有引力定律的测量物体质量的方法，它封装在他的第二和第三运动定律中，每一位高中学过物理的学生都非常熟悉这三个定律：

1. 每一个物体保持静止的状态或匀速直线运动，除非受到力的作用。

2. 一个质量为 $m$ 的物体受到力 $F$ 的作用会产生加速度 $a$。方程形式为 $F=ma$。

3. 每个作用力都有一个大小相等、方向相反的反作用力。

牛顿的三个定律提供了一个描述事物在力的影响下运动的框架。第一定律描述没有力作用时发生什么：物体或者保持静止，或者以恒定的速度沿直线移动。后面我们将寻找一个等价的量子粒子的描述，我们说量子粒子并不是静止不动的，这样说一点也不过分，甚至没有力作用时它们也跳来跳去。事实上，"力"（force）这个概念在量子理论中是不存在的，因此牛顿第二定律也要被扔到废纸篓里。顺便说一下，我们确实认为牛顿定律要被抛弃，因为它们已暴露出只是近似正确的。这些定律在许多情况下成立，但当它们描述量子现象时就完全失效。量子理论的定律取代牛顿定律，能够更准确地描述世界。牛顿物理学出现了量子的描述，重要的是要认识到，情况并不是"牛顿描述大的，量子描述小的"：全部都是量子论的方法。

虽然在这里我们不是真的对牛顿的第三定律感兴趣，但为热心读者作一两点评论是值得的。第三定律说，力是成对出现的：如果我站起来，那么我的脚压在地球上，地球反作用推回来。这意味着，一个"封闭"的系统作用在其上的力为0，这又意味着系统的总动量是守恒的。在本书中我们将通篇采用动量概念，对于一个单一的粒子，它被定义为粒子的质量和它速度的乘积，我们写为 $p=mv$。有趣的是，在量子理论中尽管力的想法是没有意义的，但动量守恒确有某种意义。

现在，我们有兴趣看看牛顿第二定律。$F=ma$ 说，如果你施加一个已知的力到一个物体上，并测量它的加速度，那么力和加速度之比就是它的质量。这又假设了我们知道如何定义力，但这不是太难的。一个简单但非常不精确或实际的方法，是用某个标准东西产生的拉力来测量力。譬如说，一个普通的乌龟，将缰绳拴在被拉的物体上沿一条直线行走。我们把平常的乌龟称为“标准乌龟”（SI Tortoise），并保持在法国塞夫勒（Sèvres）国际计量局的一个密封的盒子里。两个装上挽具的乌龟将产生2倍的力，三个乌龟产生3倍的力，等等。然后我们就可以用乌龟的数量谈论要产生的拉力或推力。

有了这个任何国际标准委员会很可笑地同意的这个系统，[1] 我们可以简单地用一个乌龟拉一个物体，并测量它的加速度，再用牛顿第二定律推导出它的质量。然后，对第二个物体重复这个过程得出它的质量，把两个质量放进万有引力定律，确定由于引力产生的两个质量之间的力。然而，为了得出与两个质量之间引力相当的乌龟数量，就还需要有标定引力强度本身的整个系统，这时就出现了 $G$ 这个符号。

$G$ 是非常重要的数值，叫做“牛顿万有引力常数”，它解释万有引力强度。如果 $G$ 加倍，力就加倍，苹果向地面下落的加速度速率加倍。因此，它描述了我们宇宙的基本属性之一，如果它取不同的数值，我们将生活在完全不同的宇宙中。目前认为，在宇宙中的各处 $G$ 取同一个数值，而且在整个时间过程中保持相同（$G$ 也出现在爱因斯坦的引力理论中，也是常数）。在本书中，我们还将遇到自然界的其他宇宙常数。在量子力学中，最重要的是普朗克常数，以量子先驱马克斯·普朗克命名，用符号 $h$ 表示。我们也需要光的速度 $c$，它不仅是光在真空中传播的速度，也是宇宙速度极限。“不可能比光速还快，也肯定不需要比光速更快，”伍迪·艾伦（Woody Allen）曾经说，“好像一个人的帽子不断被吹跑一样。”

牛顿的三个运动定律和万有引力定律，是理解在万有引力存在下运动所需要的一切。没有其他隐藏的规则是我们没有描述的——例如，仅仅这几个定律就能变戏法和使我们理解在太阳系中行星的轨道。这三个定律一起严格限制了物体在万有引力影响下运动可以采取的轨道类型。仅用牛顿的定律就可以证明，我们太阳系所有的行星、彗星、小行星和流星，只能沿着被称为圆锥曲线的轨道运动。其中最简单的，地球绕太阳的轨道非常近似一个圆。更通常的，行星和月球沿着叫做椭圆的轨道运动，像一个伸展的圆。其他两个圆锥曲线叫做抛物线和双曲线。一条抛物线是炮弹从大

---

[1] 当你考虑到甚至于今天还在使用功率单位“马力”时，就不那么可笑了。

炮中发射时走的路径。最后的圆锥曲线即双曲线，是人类迄今为止建造的跑得最远的物体“旅行者1号”走的路径，它现在正朝着星星飞去。在写本书时，“旅行者1号”已经离开地球大约17 610 000 000公里，并以每年538 000 000公里的速度飞离太阳系。这个最美丽的工程成就是在1977年取得的，目前“旅行者1号”仍在与地球保持联系，在一个磁带录音机上记录测量太阳风，并以20瓦的功率传送数据。“旅行者1号”和她的姊妹飞船“旅行者2号”，是人类探索自己宇宙的令人鼓舞的实验。两个航天器拜访了木星和土星，并且“旅行者2号”还将继续拜访天王星和海王星。它们在太阳系中精准地航行，利用万有引力把它们弹射到行星之外和进入星际空间中。在地球上的领航员正是用的牛顿定律绘制它在内行星和外行星之间的路线，以及飞往恒星的路线。用不了30万年，“旅行者2号”将会驶近天空中最亮的星：天狼星（Sirius）。我们做到这一点和我们知道这一切，都是因为牛顿的万有引力理论和他的运动定律。

牛顿定律为我们提供了一个非常直观的世界描述。正如我们所看到的，它们采取方程的形式——可测量量之间的数学关系——使我们能够精确地预测物体怎样到处移动。在整个框架中，一个内在的假设是物体在任何时刻位于某处，随着时间的推移，物体从一个地方平滑地移动到另一个地方。这似乎是不证自明的真理，是不值得评论的；但我们需要认识到，这是一种偏见。我们真的可以肯定地确信物体是在这里或那里，而它们实际上是同时在两个不同的地方吗？当然，你的花园棚屋在任何可以感觉的意义上，显然不是同时位于两个明显不同的地方——但是，一个原子中的电子会怎样呢？它可以同时在“这儿”或“那儿”吗？目前，这类建议听起来很荒谬，主要是因为在我们心灵的眼睛里无法想象它们，但物体的实际运作方式是这样的。在我们叙述的这一阶段，在我们进行的所有听起来奇怪的叙述中，我们所做的一切是要指出牛顿定律是建立在直觉上的，就基础物理学而言，就好像是建筑在沙滩上的一栋房子。

有一个很简单的实验，是由克林顿·戴维森（Clinton Davisson）和莱斯特·格莫尔（Lester Germer）在美国贝尔实验室首先进行的，并发表于1927年，它表明牛顿的世界直觉的描述是错的。虽然苹果、行星和人的表现似乎是“牛顿”方式的，随着时间的推进以固定的和可以预测的方式从一个地方移动到另一个地方；但是，他们的实验结果表明，物质的基本构造块的表现不是这样的。

戴维森和格莫尔的文章开头说："测量得出一个入射在镍单晶上的可调整速度的均匀电子束的散射强度是方向的函数。"幸运的是，可以用一个他们实验的简化版本来领会他们发现关键内容的方法，这就是著名的双缝实验（the double-slit experiment）。这个实验由一个向屏障发送电子的源与在屏障上切了两个小狭缝（或孔）组成。在屏障的后面有一个屏幕，当电子击中屏幕时会发光。电子源是什么没有关系，但实际上我们可以想象电子源是一段在实验的一侧伸展的热丝。[2] 双缝实验的草图见图 2.2。

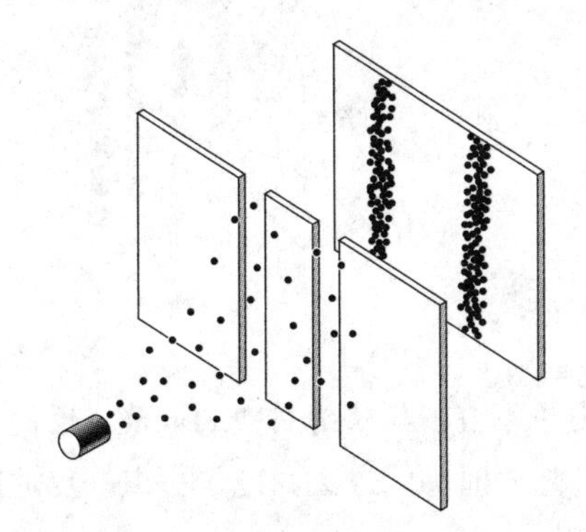

**图 2.2　一个电子枪源向一对狭缝发射电子，如果电子像"正常"的粒子，我们在屏幕上看到的打击点将由一对条纹组成，正如图中所示的。但实际上显然不是这样。**

想象将照相机对准屏幕，快门保持打开，当电子一个接一个打在屏幕上时，拍摄作为光发出的点点闪烁在长时间曝光的照片上。在照片上会产生一个图像，一个简单的问题是这个图像是什么样子？假设电子只是行为很像苹果或行星的小粒子，我们可以期待出现的图像会像图 2.2 所示的那样。一些电子穿过狭缝，大多数电子不能穿过。有些穿过的电子可能会从狭缝边缘弹开一点，从而蔓延散开，但是打击最大的地方，一定也是照片上最亮的地方，将出现在与两个狭缝对齐的地方。

然而，实际发生的却不是这样，而是像图 2.3 所示的那样。戴维森和格莫尔在 1927 年的文章中发表了这个图样。戴维森随后由于他"实验发

〔2〕曾经利用这个想法操作电视。一个热丝产生的电子流聚集起来，然后聚焦成一束光线，由屏幕之间的磁场加速，电子打到屏幕上就会发光。

现晶体电子衍射”获得了1937年的诺贝尔奖。他分享了这个奖项，不是和格莫尔，而是和乔治·佩吉特·汤姆生（Geomer Paget Thomson），他在英国阿伯丁（Aberdeen）大学独立地在实验中看到了相同的图案。明暗交替的条纹叫做干涉条纹（interference pattern），干涉更经常是和波联系在一起的。要理解为什么，让我们用水波代替电子做双缝实验。

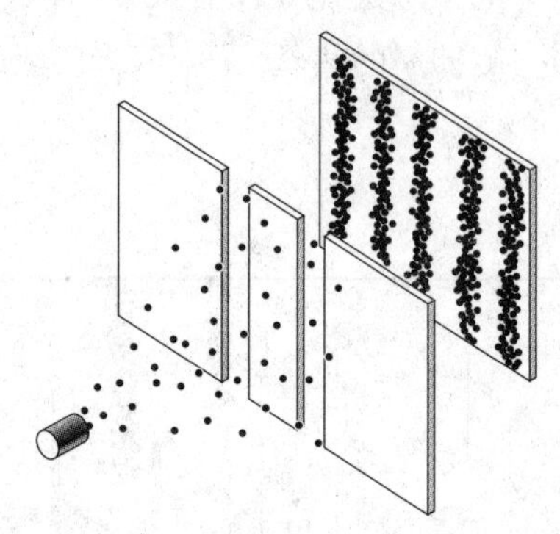

**图2.3 实际上电子不打击与狭缝对齐的屏幕。反而是形成一个条纹图案：随着时间的过去，电子一点一点地产生条纹。**

想象一个水箱中间有一道墙，墙上切了两个狭缝。屏幕和照相机可以用一台波高探测器（wave-height detector）代替，热丝用某些能产生波的东西代替：将沿着水箱侧面的一块木板附着在马达上，让它在水面做上下运动即可。木板产生的波将在水面传播，直至到达墙。当水波碰撞到墙上，大部分水波将被弹回来，但是有两股小流水将通过狭缝。这两个新的波将从狭缝向外，朝着波高探测器扩散。注意我们这里用术语“展开”（spread out），因为这个波不是以直线形式传播，而是两个狭缝的作用好像两个新的波源，每一个波源以不断增加的半圆向前扩展。图2.4说明发生了什么。

图2.4提供了一个波在水中行为的惊人的视觉展示。有些区域根本没有波，似乎像车轮的轮辐从狭缝辐射出去一样，而别的区域仍然充满了波峰和波谷，和戴维森、格莫尔、汤姆生看到的条纹是惊人的相似。对击打屏幕的电子而言，检测不到电子的区域是相应于水箱中水面保持平坦的地方——在图中可以看到向外辐射的辐条。

**图 2.4　从水箱两点（位于图片的顶部中间）发出水波的鸟瞰图。两个圆柱波重叠和相互干涉。“辐条”是两个波相互抵消的区域，这个区域的水不受干扰。**

在一个水箱中很容易理解这些辐条是怎样出现的：它是波从狭缝向外传播时混合和合并形成的。因为波有波峰和波谷，当两个波相遇时它们可以或者叠加，或者消弱。如果两个波会合时，一个波的波峰遇到另一个波的波谷，它们就相互抵消了，在该点没有波。在另一个地方，两个波的波峰可能正好相遇，在这里就会产生更大的波。在水箱中的每一点，它与两个狭缝的距离略有不同，这意味着在某些地方两个波的波峰相遇，在另一些地方波峰和波谷相遇，而大多数地方是这两个极端的某种组合。其结果将是一个交替的模式，一个干涉条纹。

与水波相反，实验观察到的电子也产生干涉条纹的事实是非常难以理解的。根据牛顿定律和常识，电子从电子源发出后，以直线向狭缝行进（因为没有力作用在它们上面——记住牛顿第一定律），通过时如果碰到狭缝边缘也许会少许偏离一点，然后继续沿直线行进，直到击中屏幕。但这不会导致干涉条纹——只会给出如图 2.2 所示的一对条纹。现在，我们可以假设有某个巧妙的机制使电子彼此受力，使它们在通过狭缝时偏离直线。但这一点可以排除，因为我们可以设置实验，从电子源向屏幕一次发射一个电子。你将不得不等待，但是，缓慢地和肯定地，当电子一个、一个地打在屏幕上，该条纹图案就会出现。这是非常令人惊讶的，因为条纹图案绝对是波彼此干涉的特征，然而一次一个电子，一点一点地发射时它也出现。这是一个很好的智力锻炼，试图想象它怎么会是这样，当我们用像小子弹一样的粒子轰击屏幕上的一对狭缝时，一个粒子接一个粒子，产生了干涉条纹。这是一个很好的煞费心机的练习，结果是徒劳的，几个小时绞尽脑汁的思考应该使你相信，一个条纹图案是不可思议的。无论打在屏幕上的这些颗粒是什么，它们的行为不像“常规”的粒子。在某种意义上就好像电子“和它自己干涉”一样。我们所面临的挑战是要提出一个理论，可以解释这意味着什么。

这个故事的历史性结尾是很有趣的，它让我们看到双缝实验所提出的智力挑战。乔治·佩吉特·汤姆生（George Paget Thomson），J. J. 汤姆生（J. J. Thomson）的儿子。J. J. 汤姆生在1899年发现电子从而获得了诺贝尔奖。J. J. 汤姆生认为电子是个粒子，带有特定的电荷和特定质量；一个小小的，如点一样的谷粒。他的儿子40年后也获得了诺贝尔奖，他显示电子的表现不像他父亲所预期的那样。老汤姆生没有错：电子确实有明确定义的质量和电荷，每一次看到它时都似乎是一个小物质点。只是它的表现，按照戴维森、格莫尔和小汤姆生的发现，似乎不完全像规则的粒子。重要的是，它的行为也不完全像一个规则的波，因为条纹图案不是由一些光滑的能量沉积的结果产生的；而是由许多微小的点产生的。我们总是发现老汤姆生的单个的点状电子。

也许你可能已经看到需要采用海森堡的思维方式。我们观察的对象是粒子，所以我们最好建立粒子的理论。我们的理论也必须能够预测出电子一个接一个地通过狭缝，打击屏幕所产生的干涉图案。电子是怎样从电子源跑到狭缝，又是怎样到达屏幕的细节，不是我们能观察到的东西，因此不需要符合我们日常生活中的经验。事实上，电子的“旅行轨迹”甚至根本不需要去讨论它。我们要做的就是找到一个理论，能够预测电子以双缝实验所观察的模式打击屏幕。这就是我们在下一章将要做的。

为了让我们不认为这仅仅是一个微观物理学的迷人现象，而与宏观世界没有什么关系，我们应该说，我们要建立的解释双缝实验的粒子的量子理论，最后证明将也能解释原子的稳定性、由化学元素发出的彩色光线、放射性衰变，以及所有的在19世纪末20世纪初使科学家困惑的诸多谜团。我们的框架描述了当电子锁定在物质内部时的行为方式，这个事实将可以让我们能够明白可能是20世纪最重要的发明：晶体管是怎样工作的。

在本书的最后一章（后记），我们会遇到一个量子理论的引人注目的应用，是一个科学推理能力的重要展示。量子理论更为古怪的预测通常体现在小东西的行为上。但是，因为大东西是由小东西构成的，因此在某些情况下，需要量子物理学解释观察到的某些宇宙中最庞大的物体——恒星的特性。我们的太阳在不断地与引力争斗。太阳这个气体球的质量是地球的30多万倍，太阳表面的引力几乎为地球的28倍，产生强大的使其坍塌的引力。在太阳核心内部每秒钟有6亿吨氢转变为氦，这个核聚变产生的向外压力阻止其坍塌。尽管太阳巨大无比，但因为它以如此凶猛的速度燃烧燃料，因此最终必定有一个结果，有一天太阳的燃料源将用尽。向外的压力将停止，引力将毫无对手地施展它的威力。看来，自然界中没有能阻止灾难性的崩溃（坍缩）的东西。

在现实中，量子物理学走上舞台和拯救世界。量子效应（quantum effects）用这种方式拯救的恒星被称为白矮星，我们太阳的最后命运也将如此。在本书的后记里，我们将用我们对量子力学的理解，确定白矮星的最大质量。这个计算是在1930年由印度天文物理学家苏布拉马尼扬·钱德拉塞卡（Subrahmanyan Chandrasekhar）做的，得出的结果大约是我们太阳质量的1.4倍。最美妙的是，这个数字是仅仅使用质子的质量和我们已经见到的3个自然常数：牛顿万有引力常数、光速和普朗克常数计算出来的。

量子理论本身的发展和这4个数值的测量，甚至不用看星星就可以令人信服地得出。我们可以想象一个患有严重恐旷症的文明，蜗居在他们行星表面下面一个很深的洞穴里。他们将没有天空的概念，但他们可以有已经建立的量子理论。只是为了好玩，他们甚至可以决定计算一个巨大的气体球体的最大质量。想象一下，有一天，他们中一个勇敢的探险家敢于冒风险选择首次来到地面上探寻，以敬畏的目光看到头上的奇观：满天的光线；几千亿颗太阳般的星系，从地平线到地平线呈弧形挂满天空。这位探险家会发现，正如我们从地球的有利位置看到的，除了许多垂死恒星的衰落残余之外，没有一颗单个恒星的质量超过钱德拉塞卡极限。

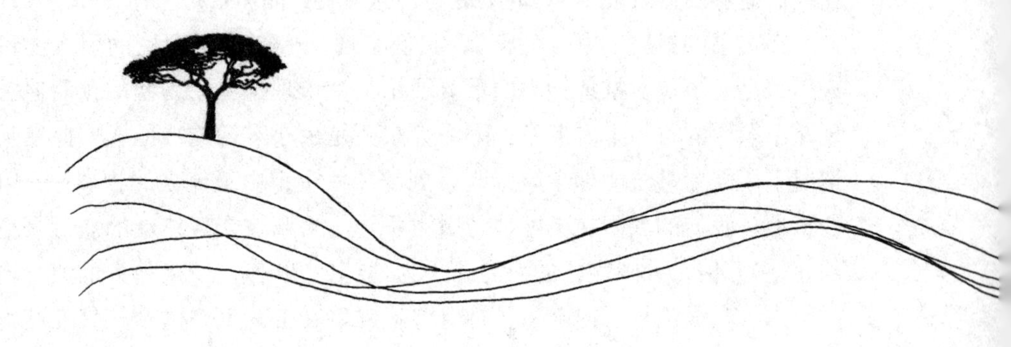

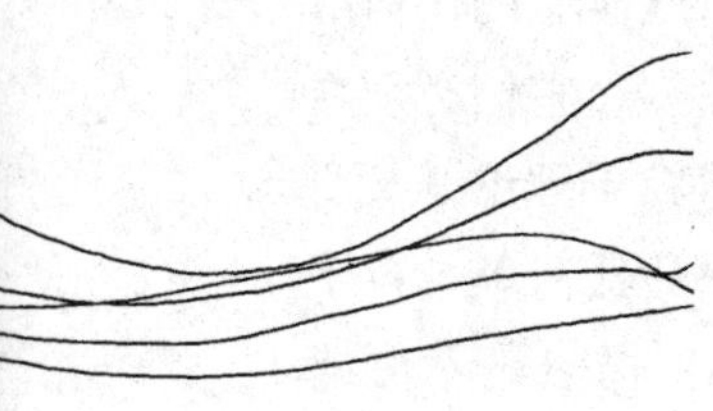

# 3. 粒子是什么?

我们的量子理论方法，最早是由诺贝尔奖得主理查德·费曼给出的，他的朋友和合作者弗里曼·戴森(Freeman Dyson)，开玩笑地将他描述为敲小手鼓的纽约人，说他“一半天才，一半蠢材”。戴森后来改变了他的观点：可以将费曼更准确地描述为“全天才，全蠢材”。在我们的书中，我们将跟随费曼的方法，因为它很有趣，而且可能是理解我们的量子宇宙最简单的路径。

理查德·费曼不仅建立了量子力学的最简单的公式，他还是一位伟大的老师，能够把他对物理学的深刻理解写到纸面上，并且以无与伦比的清晰和最少异议地讲解出来。他的风格简朴，他蔑视那些可能寻求使物理学变得比实际需要更复杂的人。即便如此，在他的经典的本科生系列教材《费曼物理学讲义》(*The Feynman Lectures on Physics*)的开头，他觉得需要开诚布公地说明量子理论的直觉性质。费曼写道：“亚原子粒子的行为不像波，也不像粒子，它们的行为不像云，或台球，或弹簧上的重量，或像任何你见过的东西。”让我们建立一个如何描述它们行为的精确模型。

作为我们的起点，我们假定大自然的基本建筑砖块是粒子。这不仅已被双缝实验所证实，在这个实验中电子总是到达屏幕上的特定位置，而且被一系列其他实验所证实，所以称其为“粒子物理学”的确是恰当的。我们需要解决的问题是：粒子如何到处移动？当然，最简单的假设是它们沿一条直线运动，或者按牛顿所说的在力的作用下沿曲线运动。然而，这是不正确的，因为对双缝实验的任何解释都要求电子穿过狭缝时与它们自己干涉，为了做到这一点，它们必须在某种意义上散开。因此这是一个挑战：既要建立一个点状粒子理论，又要使这些同样的粒子散开。这不像听起来那么不可能：如果让任何单个粒子同时位于很多地方，我们就能做到。当然，这也许听起来仍然是不可能的，但主张一个粒子应同时在很多地方，其实是一个很清楚的说明，即使听起来有点可笑。从现在开始，我们会将这些直觉的、散开的，然而像点一样的粒子称为“量子粒子”（quantum particles）。

用这个“一个粒子可以同时出现在多个地方”的想法，让我们远离我们的日常经验，从而进入一个未知的领域。一个了解量子物理学的主要障碍是这种类型思维（kind of thinking）可能产生的混淆。为了避免混淆，我们应该跟随海森堡，学会习惯与日常经验背离的世界观。感觉“不习惯”可以被误解为“混淆”，量子物理学的学生往往不断尝试用日常的术语去理解发生了什么。这是新思想的阻力，实际上导致了混淆，不是新思想本身固有的困难，而是因为现实世界根本就没有以日常生活的方式表现。所以，我们必须保持开放的头脑，不为所有的古怪事情所苦恼。当哈姆雷特说：“因此，我们要作为一个陌生人来欢迎它。霍雷肖（Horatio），在天堂与尘世中有比你的哲学梦想更多的事情。”莎士比亚认为它是对的。

一个好的开始方法是仔细思考水波的双缝实验。我们的目的是要解决引起干涉条纹的波究竟是什么。然后，我们应该确保我们的量子粒子理论能够概括这种行为，这样我们就能够有机会解释电子的双缝实验了。

有两个理由可以解释，为什么波通过两个狭缝可以相互干涉。首先，波同时通过两个狭缝，产生两个新的波，向前传播并混合在一起。很明显，一个波可以这样做。我们可以直观地看到一个海浪滚动奔向海岸，拍打到海滩上。这个海浪是一个水墙，一个延伸的传播的东西。因此，我们需要决定怎样使我们的量子粒子成为“一个延伸的、传播的东西”。第二个理由是，从狭缝向前传播的两个新的波在它们混合时可以彼此相加或相减。两个波的这种干涉能力显然对解释干涉图案是至关重要的。极端的情况是，当一个波的波峰遇到另一个波的波谷，在这种情况下它们完全相互抵消。所以,我们也需要容许我们的量子粒子以某种方式与自己干涉。

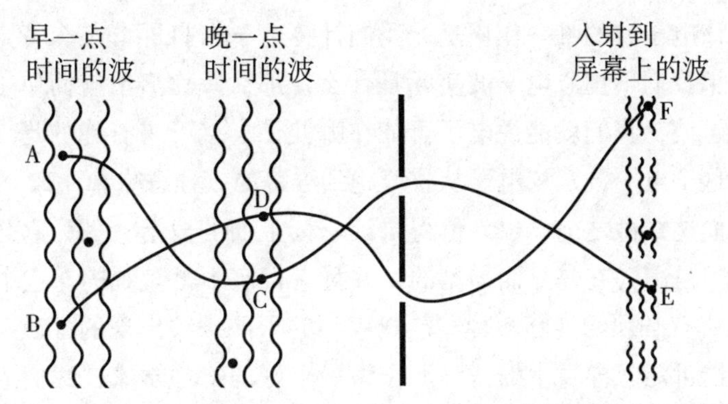


**图 3.1　如何用波描述一个电子从电子源运动到屏幕,它如何被解释为代表电子运动的所有路径。途径 A-C-E 和 B-D-F 表示单个电子无限多个可能途径中的两个。**

双缝实验将电子的行为和波的行为连接在一起,所以让我们看看,我们能将此连接推出多远。请看图 3.1,我们眼下暂时忽略连接 A 点和 E 点,及 B 点和 F 点的连线,集中在波上。这个图可以描述为一个水箱,用波浪线表示水波是如何从左至右波动走过水箱的。想象在刚刚将一块木板溅入水箱的左边产生波之后拍摄一张水箱的照片。快照将显示一个新形成的波,在图片上从上向下延伸。在水箱其他地方的水保持平静。稍后一点的第二张快照显示水波走向了狭缝,将平静的水留在后面。再后来,水波通过双狭缝并产生条纹式的干涉图案,在最右边用波浪线说明。

现在让我们再读最后一段,但用"电子波"代替"水波",不管它可能意味着什么。一个电子波,通过适当的说明,用水波这样的实验有可能解释我们想理解的条纹图案。但我们确实需要解释,为什么电子图案是由电子一点一点地打击屏幕形成的小点组成的。乍一看,这似乎是与平稳的波的想法冲突的,但它不是。聪明一点的是要认识到,如果不把电子波解释为实际的物质干扰(如水波的情况),而是某种只是告诉我们在什么地方有可能找到电子的东西,我们就能提供解释了。注意,我们说"这个"电子是因为这个波是要描述单个电子的行为,这样我们就有机会解释这些电子怎样出现了。这是一个电子的波,不是多个电子的波。我们决不要陷入其他的想法。如果我们想象在某一时间瞬间这个波的快照,那么我们要这样解释它，在波长最长的地方最可能找到电子，在波长最短的地方最不可能找到电子。当这个波最终到达屏幕时，出现的一个小点告诉我们电子的位置。该电子波的唯一作用是让我们计算电子击打屏幕某个特定位置的几率。如果我们不担心电子波实际是什么，那么一切事情就简单了，因为一旦知道了波，我们就能说电子可能在哪儿了。接下来有趣的是，我们要试图理解这个电子波建议电子从狭缝跑到屏幕的旅程意味着什么。

在我们这样做之前，也许值得再读一读上面的段落，因为它是非常重要的。并不是因为它是显而易见的，并且它肯定不是直观的。这个“电子波”建议所有必须的能够解释实验观察到的干涉条纹出现的性质，但它是某种对事情可能怎样发生的猜测。作为一个好的物理学家，我们应该得出结果，看看它们是否与大自然相符合。

回到图 3.1，我们建议用波描述每一个瞬间的电子，就像水波的情况一样。在早些时候，电子波在狭缝的左边。这意味着在某种意义上电子位于波内的某处。稍后一点，电子波向狭缝前进，电子在新波的某个位置。我们可以说“电子先在 A 点，后在 C 点”，或“先在 B 点，后在 D 点”，或“先在 A 点，后在 D 点”，等等。持续这个想法一分钟，并想想更晚一些时候，这个波通过了狭缝到达屏幕。电子可能在 E 点或 F 点被发现。图上所画的曲线代表电子两条可能的、从源出发通过狭缝到达屏幕的途径。它可能从 A 到 C 到 E 点，它也可能从 B 到 D 到 F 点。这两条途径只是电子可能采取的无数条途径中的两条。

重要的一点是，说“电子可能沿着这些路线中的每一条路线走，但实际上它只沿其中的一条走”是没有意义的。好比在水波实验中挡住其中一个狭缝，说电子实际上沿一条特定的路线走，就让我们没有机会解释干涉条纹了。为了得到干涉条纹，需要让波通过两个狭缝，这意味着必须容许电子采取所有可能的途径从源跑到屏幕。换句话说，当我们说电子“在波内的某处”，我们实际是想说它也同时无处不在，在波的每一个地方！我们必须这样想，因为如果假定电子实际上位于某个特定的地点，那么这个波就不再散开，我们就失去水波的相似性。结果是我们不能解释干涉条纹。

也许值得再次阅读上面的推理，因为它激发了下面的许多内容。这里没有花招：我们要说的是，我们要描述的是一个展开的波，也是一个点状的电子，一个这样说的可能实现目标的方式是，电子同时沿着所有可能的路径从源扫射到屏幕。

这就是说，我们应该用无限多条不同的路线描述单一电子从源跑到屏幕来解释电子波。换句话说，“电子怎样到达屏幕”的正确答案，是“它沿着无限多条可能的途径行进，有一些通过上狭缝，有一些通过下狭缝”。显然，电子不是一个普通的、日常的粒子。这就是它是量子粒子的意思。

为了要寻找一个描述电子在很多方面都酷似波的行为，我们需要建立一个更精确的谈论波的方式。我们从描述水箱中两个波相遇、混合和相互干涉时发生什么开始。为了做到这一点，必须找到一个表示每个波的波峰和波谷位置的方法。用技术上的术语说，这些被称为“相”。用白话说，如果两个波相遇后彼此以某种方式增强，就说是“同相”，如果彼此抵消就说“异相”。这个词也用来描述月亮：在月亮28天绕地球一圈的行程中，在连续的渐圆和渐亏的循环中从新月到满月，再从满月到新月。“相”这个词来源于希腊字“phasis”，意思是一种天文现象的出现和消失，明亮的月亮表面的有规律出现和消失似乎是使“相”在20世纪得到的应用，特别是用在科学上描述某些循环的事物。并且这也提示我们，怎样找到一个水波的波峰和波谷的形象表示。

看图3.2。代表相位的一种方法是用一个只有一根指针转动的时钟钟面。这给我们视觉上完全自由表示360度的可能性：时钟指针可以指向12点、3点、9点和所有中间的点。在月亮的情况下，你可以想象一个新月由指针指向12点的时钟代表，盈新月在1点半，上弦月在3点，盈凸月在4点半，满月在6点，等等。我们在这里所做的是用某些抽象的事物去描述某些具体的事物；用一个时钟的钟面描述月亮的相。这样，我们可以画一个指针指向12点的时钟，你会马上知道它代表了一个新月。尽管我们实际上没有说它，但你就会知道指针指向5点的时钟意味着快到满月了。在物理学里，用抽象的图形或符号代表实际的东西是绝对基本的方法，这也是物理学家利用数学的基本原因。当利用简单的规则可以操作这些抽象的图形作出真实世界的可靠预测时，这个方法的威力就显现出来了。正如我们过一会儿将会看到的，这个时钟钟面使我们能够做到这一点，因为它们能够跟踪波峰和波谷的相对位置。这也使我们能够计算，它们相遇时是不是能相互增强或抵消。

图3.3表示在一个瞬间的两个水波图。让我们用指向12点的时钟代表波峰，用指向6点的时钟代表波谷。我们也可以用指向中间时间的时钟代

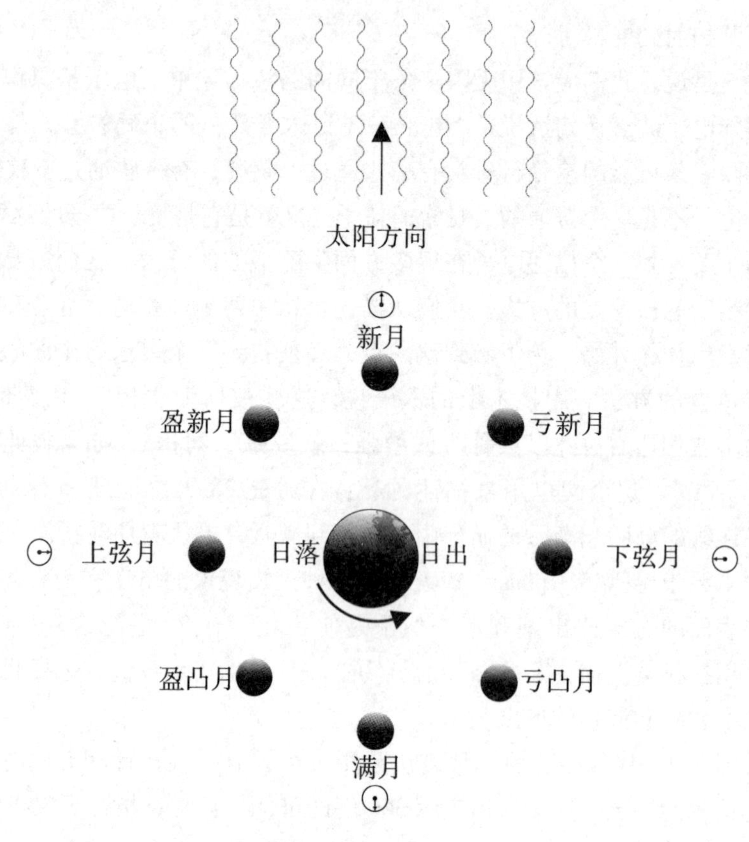


**图 3.2　月亮的相。**

表波峰和波谷之间的波的位置，就像我们为新月和满月之间的月亮相位所做的那样。两个相继波峰或两个相继波谷之间的距离是一个重要的数值，它叫做波长。

图 3.3 中的两个波彼此是异相的，这意味着上面波的波峰与下面波的波谷对齐，反之亦然。结果是非常清楚的，两个波聚合叠加时它们完全相互抵消。这在图的底部说明，“波”是一条平直线。用时钟说明，代表顶部波之波峰的 12 点时钟与代表底部波之波谷的 6 点时钟全都对齐。事实上，在每一处，代表顶部波的时钟指针指向与代表底部波的时钟指针指向相反。

在这个阶段，利用时钟来描述水波的确好像把事情搞得过于复杂了。确实，如果我们想把两个水波叠加在一起，那么需要的是把每个波的波峰叠加在一起，而根本不需要时钟。对于水波肯定是这样，但是我们并不是故意作对的，我们引进时钟是有很好的理由的。我们将会很快发现，当我们用它们来描述量子粒子时，容许它们有额外的灵活性是绝对必要的。

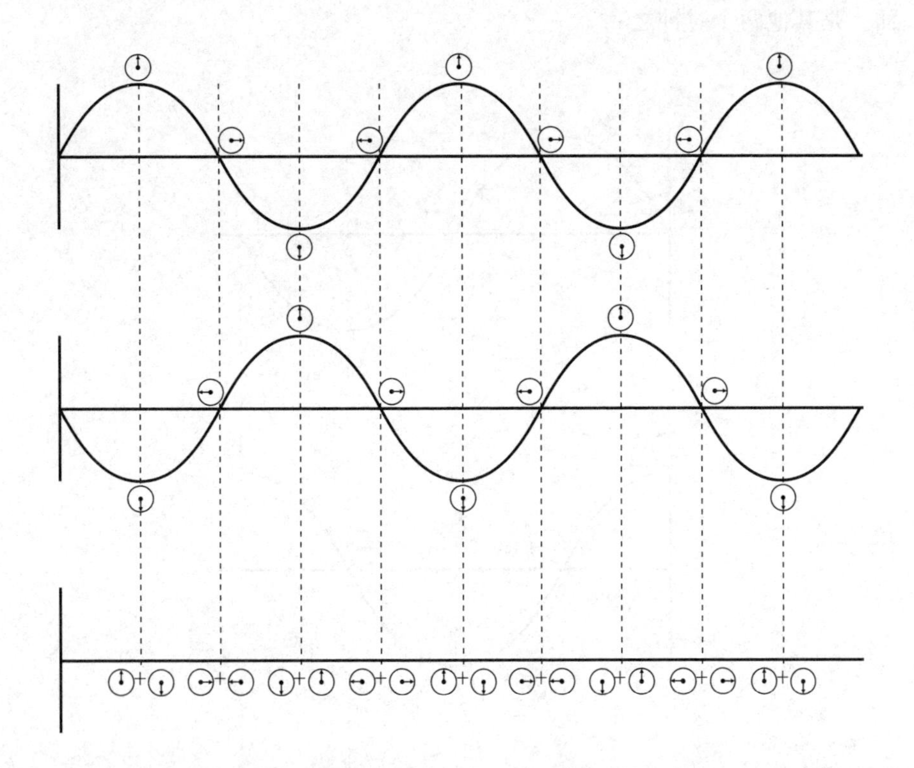


**图3.3　两个波的安排使它们完全抵消。顶部第一个波的相位与中间第二个波的相位相反，即波峰对着波谷。当两个波叠加时彼此抵消，在图的底部说明“波”是一条平直线。**

为此，我们现在应该花一点时间，发明一个精确叠加时钟的规则。在图3.3的情况下，此规则得出的结果必须使所有的时钟“抵消”，什么也没有留下：12点抵消6点，3点抵消9点，等等。这是完全的抵消，当然，这种完全抵消是一个特殊情况，是波的相位完全异相的情况。让我们寻找一个适用于任何对齐和形状的波叠加在一起的普遍规律。

图3.4显示多于两个波，这一次用不同的方式对齐，使得一个波稍微偏离另一个波。我们也用时钟标记波峰、波谷和波峰、波谷之间的点。现在，图上部波的12点时钟与图下部波的3点时钟对齐。我们要叙述怎样将这两个钟叠加在一起的规则。此规则是取两个指针，将其首尾相接，将两

个指针的另外两头连接起来画一个新的指针。在图 3.5 中描述了这个方法。新的指针长度与另外两个不同，指的方向也不同；它是一个新的时钟钟面，是其他两个时钟之和。

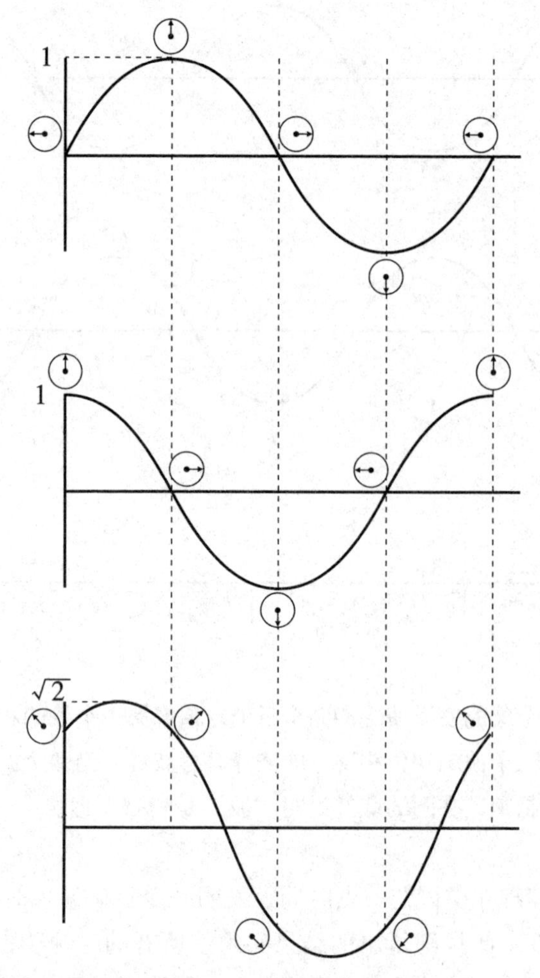


**图 3.4 两个波彼此相对偏移。顶部的波和中间的波叠加在一起产生底部的波。**

现在，我们可以用简单的三角学更精确地计算将任何特定的一对时钟叠加在一起的效果。在图 3.5 中，我们将 12 点时钟和 3 点钟时钟加在一起。让我们假定原来时钟指针的长度为 1 厘米（相应于水波波峰的高度为 1 厘米）。将两个指针首尾相接就得到一个直角三角形，两个直角边的长度为1厘米。新的时钟指针长度将是直角三角形的第三条边：斜边。毕达哥拉斯定理（Pythagoras' Theorem）告诉我们，斜边的平方等于两个直角边的平方之和：$h^2 = x^2 + y^2$。代入数字，$h^2 = 1^2 + 1^2 = 2$。这样，新的时钟指针长度 $h$ 是2的平方根，它近似等于1.414厘米。新的指针指向什么方向呢？为此需要知道三角形中的角度，在图中标记为 $\theta$。对于两个指针长度相等的特例，一个指向12点，一个指向3点，你大概根本不需要三角学就能得出来。斜边显然在45度方向，这样新的时间是在12点和3点之间的一半，即1点半。当然，这个例子是一个特例。我们选择时钟使指针成直角并且长度相等是为了数学上容易。但是，显然可以叠加任何一对时钟的钟面得出指针的长度和时间的结果。

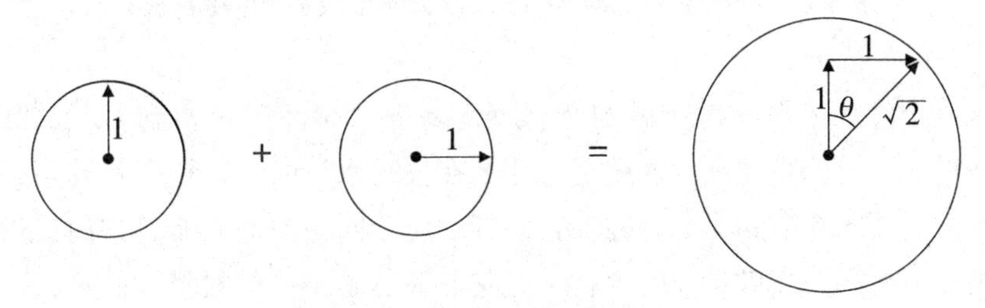


**图3.5　时钟的叠加规则。**

现在再看一下图3.4。通过利用刚才概述的法则和寻问有多少新时钟的指针指向12点方向，就可以计算时钟叠加在一起后沿着新波的每一点的波高。当时钟指向12点方向，波的高度显然就是时钟指针长度。同样地，当时钟指向6点方向时，波谷的深度明显等于时钟指针的长度。也很明显，当时钟指针指向3点（或9点）时波高为零，这是因为时钟指针与12点方向成直角。要计算任何特定时钟所描述的波高，应将指针长度 $h$ 乘以指针与12点方向夹角的余弦值。例如，3点钟和12点钟的指针夹角为90度，90度的余弦值等于0，因此波高为0。同样，时钟1点半和12点的指针夹角为45度，45度的余弦值近似为0.707，因此波高是0.707乘以指针的长度（注意0.707是 $1/\sqrt{2}$）。如果你的三角学知识还不足以理解最后这几句话，那么你可以放心地忽略这些细节。问题的原则是，给出了时钟指针的长度和方向，你就能够预先计算波高，并且即便你不懂三角学也可以处理好它，办法是用一把尺子仔细画一个时钟的指针，把它投影在12点钟的方向。（我们想让读这本书的每一位读者清楚，我们不推荐这个方法，因为余弦是有用的、需要理解的东西。）

这是叠加时钟的规则，是一种处理方法，如图 3.4，在 3 张图的底部说明，在那里我们对于沿着波的各个点反复应用这个规则。

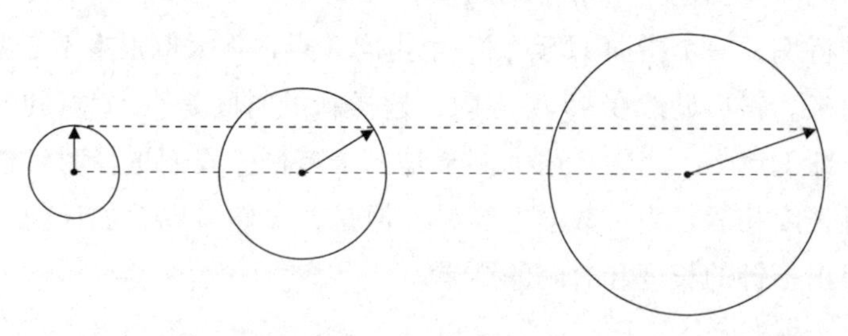

**图 3.6　三种不同的时钟在 12 点方向都具有相同的投影。**

在本文描述水波时所做的所有事情是把“时间”投影到 12 点方向，相应的唯一数值是波高。这就是为什么在描述水波时，时钟不是真正必要的。看看图 3.6 中的 3 个时钟：它们都对应于同一波高，所以它们提供同等的、表示同一高度水波的途径。但它们显然是不同的时钟，而且，正如我们将看到的，这些差异的重要性在我们用它们来描述量子粒子时关系很大，对它们来说，时钟指针的长度（或等价时钟的大小）有一个非常重要的解释。

事物是抽象的，在本书的某些地方，特别是在这一点上。为了让自己不陷入令人目眩的混乱，我们应该记住较大的图像。戴维森、格莫尔和汤姆生的实验结果，以及他们关于水波行为的相似性，激励着我们去做一个假设：我们应该用一个波代表一个粒子，而波本身可以用一个时钟群代表。我们想象电子波“像水波一样”传播，但是，我们还没有更详细一些地解释如何工作。而且我们也从未说过水波是如何扩展的。目前，我们要做的所有事情是承认与水波的相似性，承认电子在任何时候可用波描述的理念，这个波像水波一样传播和干涉。在下一章，我们将做得更好，将更精确地描述随着时间的推移电子实际上是怎样到处移动的。在这样做时，我们将被引向很多的宝藏，包括海森堡著名的不确定性原理（Uncertainty Principle）。

在我们继续之前，我们要花点时间谈谈我们建议用来代表电子波的时钟。我们强调的是，这些时钟在任何意义上都不是真实的，它们的指针和一天的时间没有任何关系。正如你接下来将会看到的，用一大批小时钟描述实际物理现象的想法，不是一个非常奇怪的概念。物理学家使用类似的技巧来描述自然界中的许多事物，我们已经看到这些技巧可以用来描述水波。

这种类型的抽象描述的另一个例子是房间内的温度，它可以用一组数字描述。数字也像我们的时钟一样作为实际物体是不存在的。相反，这组数和它们相关的房间中的点，只是一个方便的代表温度的方式。物理学家称这个数学结构为一个场。温度场仅仅是一组数字，每个数字代表每一个点。在一个量子粒子的情况下，场要更复杂，因为它在每一个点需要一个时钟钟面，而不是一个单一的数字。这个场通常称为粒子的波函数。事实上，我们需要一个时钟群表示波函数，而对于一个温度场或一个水波，一个单一的数字就足以描述，这是一个重要的区别。用物理学的术语，这里所以要用时钟是因为波函数是一个“复数”场，而温度或水波的波高都是“实数”场。我们不需要任何这种语言，因为我们可以用时钟钟面工作。〔3〕

我们不要担心，不能像温度场那样直接感知波函数。我们不能触摸、嗅闻气味或直接看到这个事实是无关紧要的。如果我们决定将我们对宇宙的描述仅仅限制在可以直接感知的事物上，在物理学上我们就不会走得很远。

在我们讨论电子的双缝实验中，我们说电子最可能停留的地方的电子波是最大的。这种解释让我们理解，当电子一点一点地到达屏幕时干涉条纹图案是怎样建立的。但对我们现在的目的来说，这不是一个足够精确的陈述。我们想知道，在特定地点找到一个电子的概率，我们想放一个数在它的上面。这就是为什么时钟是必要的，因为我们想要的是概率，而不只是波高。要做的正确事情是，说明时钟指针长度的平方是在钟的位置发现粒子的概率。这就是为什么我们需要时钟给我们比简单数字更多的额外的灵活性。这个解释的意味不是很明显，我们不能给出为什么它是正确的任

---

〔3〕对于熟悉数学的读者，只要照下面交换单词就行了：“时钟”代表“复数”，“时钟的大小”代表“复数的模”，“指针的方向”代表“相位”。叠加时钟的法则正是叠加复数的法则。

何好的解释。我们最后知道它是正确的，因为它得出的预测符合实验数据。波函数的这个解释是早期量子理论的先驱者面临的棘手问题。

波函数（它是我们的时钟群）是奥地利物理学家埃尔温·薛定谔（Erwin Schrödinger），在1926年发表的一系列论文中引入量子理论的。在他6月21日的论文中有一个公式，应该铭刻在每一个物理系大学生的心中。很自然地它被称为薛定谔方程：

$$i\hbar \frac{\partial}{\partial t}\Psi = \hat{H}\Psi$$

希腊符号Ψ（发音“普西”）代表波函数，薛定谔方程描述它如何随着时间变化。该方程的细节对于我们的目的是无关紧要的，因为在本书中，我们不打算追寻薛定谔的方法。有趣的是，尽管薛定谔写下了正确的波函数方程，但他开始时的解释是错误的。这个方程是马克斯·玻恩（Max Born），一个从事量子理论工作最老的物理学家之一，在他43岁的高龄给出了正确的解释，那是在薛定谔提交论文刚刚4天之后。我们提到他的年龄是因为，量子理论在20世纪20年代中期有一个“男孩物理学”（boy physics）的昵称，因为太多的关键人物是年轻人。在1925年，海森堡23岁；沃尔夫冈·泡利（Wolfgang Pauli），我们在后面将要遇见他著名的不相容原理，22岁；保罗·狄拉克（Paul Dirac），英国物理学家，首先写下正确的描述电子的方程，也是22岁。人们常常声称，他们的青春使他们不受旧的思维方式的约束，并容许他们完全接受激进的、由量子理论代表的世界的新描述。薛定谔此时38岁，已经是这个团队中的老人了，他以他的理论在量子理论的发展中起了如此关键的作用，绝不会是完全轻松自在的。

玻恩因为对波函数的解释，在1954年获得了诺贝尔物理学奖，他的基本解释是：在一个特定点，时钟指针长度的平方代表在该处发现粒子的概率。例如，如果位于某个地方的时钟的指针长度等于0.1，那么平方给出0.01。这意味着在这个地方找到粒子的概率为0.01，即1%。你可能会问，为什么玻恩不首先将时钟指针的长度平方，这样在最后这个例子中，时钟指针本身的长度为0.01。这将不能工作，因为要考虑干涉，我们要将这些时钟叠加起来，并且0.01加0.01（等于0.02），与0.1加0.1再平方（等于0.04）是不同的。

我们可以用另一个例子来说明量子理论中的这一关键概念。想象对一个粒子做一些可以用一个特定的时钟阵列描述的某些事情。再想象我们有一个装置可以测量粒子的位置。一个容易想象但不容易建造的设备，可能是一个可以在空间的任何区域围绕着迅速竖立的一个小盒子。如果理论认为在某个点找到一个粒子的几率是0.01（因为在这一点时钟的指针长度为0.1)，那么当我们围绕这点竖立盒子时，在100次当中要有一次在这个盒子中找到这个粒子。这意味着在这个盒子中发现任何东西的可能性不大。然而，如果我们能够完全相同地重新设置每个实验，通过初始设置相同的时钟再次描述这个粒子，那么我们就能按我们希望的重新实验任意多次。现在，每观察100次，应该平均发现有一次在盒子内部有一个粒子，其余99次将是空的。

对时钟指针长度的平方代表在某一特定地点找到粒子的概率的解释不是特别难以理解的，但它看起来好像我们（或更准确地说是马克斯·玻恩）是无中生有的。事实上，从历史观点看，一些伟大的科学家，包括爱因斯坦和薛定谔，也已经证明对此是难以接受的。50年后，狄拉克回顾1926年的那个夏天，他说："解释这个问题被证明比建立这个方程还要困难得多。"尽管很困难，值得注意的是1926年底从氢原子发出的光谱，19世纪物理学最重要的一个谜题，已经使用海森堡和薛定谔的方程做了计算分析（狄拉克最终证明，他们的两个方法在所有情况下完全是等价的）。

爱因斯坦在1926年12月给玻恩的一封信中，曾表示他反对这个概率性质的量子力学。"这个理论说了很多，但并不真的让我们比'旧有的'更接近秘密。我无论如何不相信'上帝'是在玩掷骰子。"问题是在此之前，一直认为物理学是完全确定的。当然，这个概率想法不是唯一针对量子理论的。它常常用在各种不同的情况中，从赌博赛马到整个维多利亚工程所依赖的热力学科学。但这样做的原因是缺乏对这个世界的一部分问题的了解，而不是根本性的东西。想想掷硬币这个几率原型的游戏。我们大家都熟悉这方面的可能性。如果我们抛硬币100次，我们预期平均50次正面向上，50次反面向上。按照量子理论以前的理论，我们不得不这样说，如果我们知道硬币的一切——我们把它抛向空中的精确方式、引力的牵引、流过房间的细小气流、空气温度等，那么原则上我们能确定硬币是正面向上，还是相反。因此，在这方面出现的概率是反映了我们缺乏对系统的了解，而不是系统本身所固有的。

量子理论中的概率不是这么一回事；它们是基础。这并不是因为我们无知，因此只能预测一个粒子在一个地方或另一个地方的概率。我们即使在原则上也不能预测粒子将会在什么地方。我们可以绝对精确地预测的，是在一个特定的地方发现粒子的概率。更重要的是，我们可以绝对精确地预测概率如何随时间变化。玻恩在1926年完美地表达了这一点："粒子的运动遵循概率规律，但概率本身的传播是根据因果关系定律。"这正是薛定谔方程所做的：这个方程使我们能够确切地计算波函数在未来是什么样子，如果知道它过去是什么样子的话。在这个意义，它类似于牛顿定律。两者不同的是，虽然牛顿定律允许我们计算粒子在任何特定时间内的位置和速度，量子力学可以让我们计算在一个特定的地方发现它们的概率。

这一预测能力的丧失，困扰着爱因斯坦和他的许多同事。由于长达80多年的研究和大量艰苦的工作，现在的争论似乎有些多余，现在可以说，玻恩、海森堡、保罗、狄拉克和其他人是正确的，爱因斯坦、薛定谔和老卫兵们（保守者。编注）是错的。但肯定有可能反过来相信，量子理论在某些方面是不完善的，并且概率的出现就像在热力学或抛硬币中那样，因为有一些相关粒子的信息我们没有掌握。今天，这个理念获得了小小的收获，理论和实验进展表明，大自然真的使用随机数，在预测粒子位置中确定性的丧失，是一种物理世界的内在特性：概率是我们所能做得最好的。

# 4. 什么事情都可能发生

我们现在已经建立了一个可以详细探讨量子理论的框架。关键的想法在技术内容上是非常简单的，但问题是它挑战我们所面对的、我们对世界的偏见。我们已说过，一个粒子可用遍布它周围的许多小时钟代表，在一特定位置的时钟指针长度的平方代表在这个地方发现这个粒子的概率。时钟不是主要问题，它们是一个用来跟踪在某个位置发现一个粒子可能性的数学设计。我们也给出将时钟叠加在一起的规则，这是描述干涉事件所必须的。我们现在需要把最后一个问题解决并找出规律，告诉我们时钟从一个时刻到下一个时刻是如何变化的。这一规则将替代牛顿第一定律，以便让我们能够预测，如果让一个粒子单独存在它会怎样。让我们从头开始，想象将一个单个粒子放置在一个点上。

我们知道如何代表位于一个点的一个粒子，如图 4.1 所示。在这个点有一个单一的时钟，指针长度为 1（因为 1 的平方是 1，即在这个地方发现这个粒子的概率为 1，即 100%）。让我们假设时钟的读数是 12 点，虽然这个选择是完全任意的。就概率而言，时钟的指针可以指向任何方向，但我们不得不选择从某处开始，选在 12 点就可以。我们要回答的问题是：在稍后时候，这个粒子位于某个别的地方的几率是多少？换句话说，在下一时刻，我们要画多少个时钟，要把它们放在哪儿？对艾萨克·牛顿来说，这将是一个很无聊的问题；如果我们把一个粒子放在一个地方，不去碰它，它就不会到别的地方去。但是，大自然斩钉截铁地说，这是完全错误的。事实上，牛顿大错特错了。

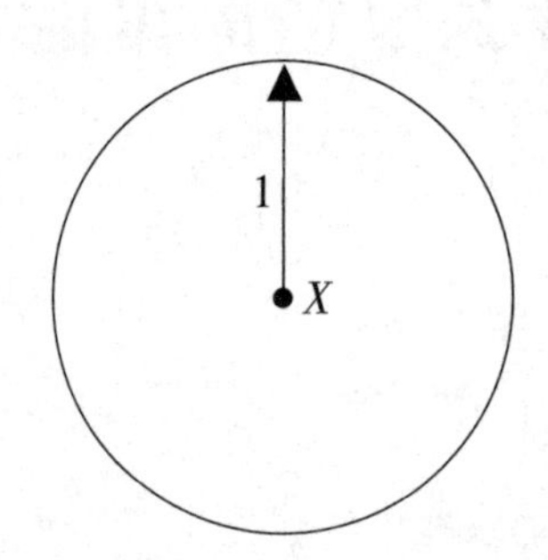


**图 4.1　单个时钟代表位于空间一个特定点的一个粒子。**

正确的答案是：粒子在稍后时候，可以在宇宙间的任何别的地方。这意味着我们要画无限多个时钟，在空间每一个可以想象的点一个。这句话值得读很多遍。也许我们需要再多说几句。

容许粒子出现在任何地方，相当于假设粒子没有运动。这是我们可以做的最公正的事，而且确实有一些苦心研究的人也这样假定，[1] 尽管它似乎违反了常识规律，也许还违反了物理学定律。

一个时钟是一个某个确定东西的代表，即一个粒子在这个时钟的特定位置被发现的概率。如果我们知道一个粒子在特定的时间在某一特定的地点，我们用这个点的一个单一的时钟代表它。它的建议是，如果我们从时间为零的位于一定位置的一个粒子开始，那么在“零时间上再加一点点”后，我们应该画一个大量的、事实上无限多的新时钟阵列，充满整个宇宙。这就承认粒子可能在一瞬间跃迁到任何地方和每一个地方。我们的粒子将同时既近在以纳米为距离的地方，也远在10亿光年的遥远星系中一颗恒星的核心。用我们英国本土的北方方言来说，这听起来是愚蠢的。但我们很清楚：理论必须能够解释双缝实验，正如我们将一个脚趾头伸入静止

〔1〕或审美的要求，这取决于你的观点。

的水中，水波就会展开一样，最初位于某处的电子随着时间的推移必然要展开。我们需要精确地建立它是如何展开（传播）的。

与水波不同，我们认为，电子波是瞬间展开充满宇宙的。从技术上讲，我们说粒子传播的规则不同于水波传播的规则，尽管两者的传播都是遵照一个“波方程”。水波方程不同于粒子波方程（这就是我们在上一章提到的著名的薛定谔方程），但二者都解释了波浪物理学（wavy physics）。所不同的是事物是如何从一个地方传播到另一个地方的细节。捎带说一句，如果你知道一点关于爱因斯坦的相对论，当我们说粒子在一瞬间跃迁穿过宇宙，你可能会感到紧张不安，因为这似乎是说某东西比光的传播速度还要快。事实上，一个粒子可以在这里，一瞬间之后又在其他很遥远的地方的想法本身并不与爱因斯坦的理论矛盾，因为真正的说法是，信息传播的速度不能超过光速，最后得出的量子理论仍然受此限制。正如我们将学到的，一个粒子跃迁穿过宇宙的相应的动力学与信息传播是完全不同的，因为我们事先不知道粒子要跃迁到哪儿。看上去似乎我们正在建立一个完全无序的理论，你可能会自然地认为大自然肯定不会这样做。但是，当我们展开这本书时，我们看到在日常世界中的秩序，真的是从这种极其荒谬的行为中产生的。

如果你不能接受这个无法无天的建议，即为了描述从一个时刻到下一个时刻一个单一的亚原子粒子的行为，我们不得不用小时钟充满整个宇宙，那就不仅是你一个人这样想。揭开量子理论的面纱和试图解释它的内部运作，对每个人都是困惑难解的。尼尔斯・玻尔曾写道：“那些第一次遇到量子力学的人在没有理解它之前没有不感到震惊的。”理查德・费曼在《费曼物理学讲义》第三卷的引言中说：“我想我可以放心地说，没有人真正理解量子力学。”幸运的是，始终遵循这些规则比试图想象它们到底意味着什么要简单得多。仔细了解一组特定假设的结果，而不是过多地纠缠在它的哲学意义上，是一位物理学家应该学习的最重要的本领之一。海森堡的精神绝对是这样的：让我们从初始的假设出发，并计算它们的结果。如果我们得到的一组预测与我们周围世界的观察一致，那么我们应当承认这个理论是好的。

许多问题太困难了，以致不能在一次智力的飞跃中解决，深刻的理解很少出现在发现它的时刻。诀窍是要确保你理解每一小步，在足够数量的步骤之后就会更全面、更深刻地理解它。或者，我们意识到我们找错了方向，不得不从头开始。到目前为止，我们概述的一小步本身并不难，但是决定取一个单一的时钟并把它变成一个无限的时钟，肯定是一个复杂的概念，特别是如果你试着靠想象把它们都画出来。对伍迪·艾伦来说，永恒是一个很长的时间，特别是在接近终点的时候。我们的建议是，在任何情况下不要惊慌失措或轻言放弃，无限的比特是一个细节。接下来，我们的任务是建立规则，告诉我们在摆放好粒子后的某个时间里，所有那些时钟实际上看起来应该是什么样子。

我们追寻的规则是量子理论的基本规则，尽管当我们开始考虑宇宙可能包含不止一个粒子时，我们需要加上第二条规则。但现在首要的事情是，让我们把注意力集中在宇宙里只有一个单一的粒子上；没有人能指责我们草率行事。在时间的某一瞬间，我们将假定完全知道它在哪儿，因此，它是由一个单一的、孤立的时钟表示的。我们的具体任务是确定规则，它将告诉我们在将来的任何时候，分散在宇宙中的任何一个和每一个新时钟将会看上去是什么样子。

我们首先不加任何解释地叙述规则。我们将用几个段落回过头来讨论，究竟为什么这些规则看起来能够成立，但是现在我们应该把它作为一个游戏规则。这里的规则是：在一个将来的时间 $t$，一个时钟与原来时钟的距离为 $x$，该时钟的指针绕逆时针方向转动的量与 $x^2$ 成比例；转动的量也与粒子的质量 $m$ 成比例，与时间 $t$ 成反比。用符号表示，这就意味着时钟的指针绕逆时针方向转动的量与 $mx^2/t$ 成比例。换句话说，这意味着一个质量更大的粒子转动得越多，时钟离开原来的位置越远转动越多，向前的时间跨度越大转动越小。这是一个算法，如果你喜欢的话也可以说是一个秘诀，可精确地告诉我们，应当做什么才能在将来的某个点得出给定的时钟布局。在宇宙中的任何一点画一个新的时钟，其指针转动一个按我们的规则给出的量。理由是我们认为粒子可以，而且确实从它的初始位置跃迁到了宇宙中的任何一个和每一个其余的点，在这个过程中孕育了新的时钟。

为了简化问题，我们想象一个初始时钟，当然，也可能在时间的某一瞬间已经存在许多时钟，并代表粒子不在某个确定位置的这一事实。但是，我们如何弄明白用一整个时钟群做什么呢？答案是，我们要用时钟群中的任何一个和每一个时钟，重复进行已对一个时钟做过的事情。图 4.2 说明了这种想法。初始设置的时钟用一个小圆圈代表，箭头表示粒子从每一个初始时钟的位置跃迁到 X 点，在这个过程中“放置”一个新的时钟。当然，这就为每一个初始时钟在 X 点提供了一个新的时钟，并且我们必须把所有这些时钟叠加在一起，以便在 X 位置构建最终的、确定的时钟。这个最终时钟指针的大小，给出我们在稍后的时间在 X 点找到粒子的几率。

这并不太奇怪，当几个时钟到达同一个点时，应该把它们叠加在一起。每个时钟即粒子可以到达 X 点都对应一条不同的途径。如果我们回顾双缝实验，这个时钟的叠加是可以理解的；我们只是试图用时钟重新对波进行描述。我们可以想象两个初始时钟，每个狭缝一个。这两个时钟的每一个在稍后的时间将各传送一个时钟到达屏幕上的特定点，我们必须把这两个时钟叠加在一起，以便获得干涉图样。[2] 总之，计算在任何地点的时钟看起来会是什么样子的规则，是要把所有的初始时钟一个一个地传送到这个点上，并利用在前一章说明的叠加规则把它们加起来。

自从我们为了描述波的传播建立这个语言以来，我们也可以用这些术语思考更熟悉的波。事实上，整个想法可以追溯到很久以前。荷兰物理学家克里斯蒂安·惠更斯（Christiaan Huygens），早在 1690 年就这样杰出地描述了光波的传播。他没有用假想的时钟，但他强调，我们应该把光波的每一个点看做一个二次波源（正如每一个时钟产生许多二次时钟）。这些二次波结合起来产生一个新的合成波。这个过程本身重复，使新波的每一个点成为更远波的波源，这些波再次结合，以这种方式使波向前扩展。

我们现在可以回到可能是非常合理地、一直困扰着你的某些事情上。究竟为什么我们选择 $mx^2/t$ 来确定时钟指针转动的量呢？这个量有一个名字：它被称为“作用”（*action*），并且在物理学中有一段漫长而古老的历史。没有人真正懂得为什么大自然以这种基本的方式使用它，也就是说没有人能真正解释，为什么这些时钟要按照它们所作用的这个量转动。进而引出一个问题：人们怎么会首先意识到这是非常重要的呢？“作用”这个词是德国哲学家和数学家戈特弗里德·莱布尼茨（Gottfried Leibniz），在 1669 年一篇未发表的著作中首先提出的，尽管他没有发现用它进行计算的方法。法国科学家皮埃尔-路易斯·莫罗·德·莫佩尔蒂（Pierre-Louis Moreau de Maupertuis），在 1744 年再次引进这个词，并且随后被他的朋友，

---

〔2〕如果你不能理解最后这一句话，可试试用“波”代替“时钟”这个词。

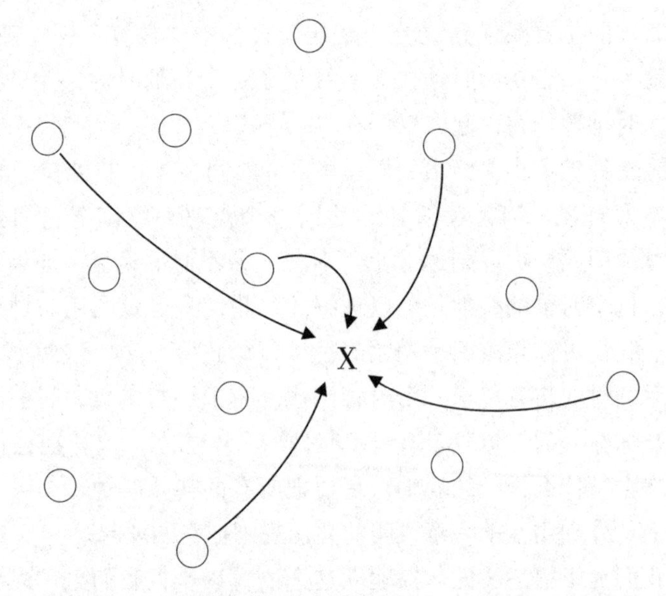


**图 4.2 时钟跃迁。小圆圈表示在时间的某一瞬间粒子的位置；我们要把一个时钟和每个点联系起来。为计算在 X 处找到粒子的概率，我们需允许粒子从所有的原始位置跳到这里。几个这样的跃迁用箭头指示。线的形状没有任何含义，它肯定不是粒子从一个时钟的位置到 X 点的运动轨迹。**

数学家伦纳德·欧拉（Leonard Euler）用于制定一个新的和强大的大自然原则。想象一个皮球在空中飞，欧拉发现，球的运行路线是使得此路线上计算得出的任何两点之间的作用总是尽可能最小。对于一个球，这个作用是与球的动能和势能之差有关的。[3] 这被称为“最小作用量原理”（the principle of least action），它可以用来替代牛顿运动定律。初看起来，这是一个相当奇怪的原理，因为为了沿着作用力最小的路径飞行，皮球似乎在到达这里之前事先就要知道它要到哪儿。还有什么别的办法让球飞过空中，使得当每一件事情都完成时被称之为作用的量最小呢？用这种方式说，最小作用量原理听起来好像是目的论似的，也就是说事情的发生是为

〔3〕动能等于 $mv^2/2$，当球在地面之上的高度为 $h$ 时势能等于 $mgh$。$g$ 是地球表面所有物体的重力加速度。此作用是在与路径上两点相关的时间之间集成之差。

了达到预定的结果。

目的论的观点在科学上一般名声不好，很容易明白这是为什么。在生物学中，复杂生物出现的目的论解释无异于在说存在一个设计师，而达尔文的自然选择进化论提供了一个简单的解释，完美地符合现有的数据。在达尔文的理论中没有目的论的成分，不同的生物是随机突变产生的，外部环境的压力和其他生物的影响，确定这些变异中的哪些传给下一代。仅仅这个过程就能解释今天在地球上看到的生命的多样性和复杂性。换句话说，不需要宏伟的计划，生命也不需要渐渐地趋向某种同样完美的形式。恰恰相反，生命的进化是随机的，是在一个不断变化的外部环境中，由基因的不完美地复制产生后代。到目前为止，诺贝尔奖得主，法国生物学家雅克·莫诺（Jacques Monod）认为，现代生物学的一个基石是“系统地或无须证明地否定，可以基于明确的或不明确的目的论原理的理论获得科学知识”。

就物理学而言，对最小作用量原理是否成立而言是没有争论的，因为它所做的计算正确地描述了大自然的性质，它是物理学的基石。可以说，最小作用量原理根本不是目的论的，一旦我们掌握了费曼的量子力学方法，在任何情况下的争论就都被化解了。皮球在空中飞行“知道”选择哪条路径，是因为它实际上、暗地里勘察了每一个可能的路径。

怎么会发现时钟的转动规则应该与任何称之为作用的这个量有关呢？从历史观点看，狄拉克是第一个寻找与作用有关的量子理论公式的人，但他宁愿选择在苏联的杂志上发表他的研究，以表示对苏联科学的支持。这篇文章题目为“量子力学中的拉格朗日”（The Lagrangian in Quantum Mechanics），发表于 1933 年，然后默默无闻了许多年。到了 1941 年的春天，年轻的理查德·费曼思考怎样用从最小作用量原理推出的经典力学的拉格朗日公式建立量子理论的新方法。在普林斯顿一个晚上的啤酒宴会上，他遇见了赫伯特·杰里（Herbert Jehle），一位来自欧洲的访问物理学家。正如物理学家们经常所做的那样，在喝了几杯啤酒之后，开始讨论他们的研究思路。杰里想起狄拉克的默默无闻的文章，第二天他们在普林斯顿图书馆里找到了它。费曼立即开始用狄拉克的公式计算，在整整一个下午的过程中，杰里在旁边看着他，费曼发现自己可以从一个作用量原理推出薛定谔方程来。这是向前跨越的重大一步，虽然费曼最初设想，狄拉克一定做过同样的工作，因为它是如此容易做的一件事。真的容易吗？是的，如果你是理查德·费曼，它就是容易的。后来，费曼终于问了狄拉克是不是知道，他1933年的文章在增加几个数学步骤后，就可以以这种方式使用。费曼后来回忆说，狄拉克在作了一个平淡的演讲后，躺在普林斯顿大学的草地上，简单地说："不，我不知道。很有意思。"狄拉克是所有时代最伟大的物理学家之一，却是一个少言寡语的人。尤金·维格纳（Eugene Wigner）本人也很伟大，他评论说："费曼是第二个狄拉克，是这个时代的狄拉克。"

概括一下：我们描述了一个规则，允许我们可以用完整的时钟阵列来代表在时间的某一瞬间一个粒子的状态。这个规则有点奇怪，要用一个无限数目的时钟充满宇宙，这些时钟都要彼此相对转动一个量，这个转动量取决于一个相当奇怪的，但具有重要历史意义的称为作用的量。如果两个或更多的时钟落在同一个点，则要把它们叠加起来。这个规则是建立在必须容许一个粒子从宇宙中的任何特定位置在一个无限小的瞬间自由跃迁到任何其他地方的前提下。我们在开始时就说过，这些奇怪的想法必须经过大自然的检验，看看是否能出现任何有意义的事情。让我们马上开始吧，让我们看看某些非常具体的事情，量子理论的基石之一是怎样从这种明显的、奇怪的规则中产生的：海森堡的不确定性原理。

## 海森堡的不确定性原理

海森堡的不确定性原理（Uncertainty Principle）是量子理论中一个最容易被误解的部分之一，是一个各种类型的骗子和毫无价值的说教者散布他们奇谈怪论时经过的门口。海森堡在1927年发表了他的文章，标题为"量子理论运动学和力学的直观内容"（Über den anschaulichen Inhalt der quantentheoretischen Kinematik und Mechanik。德文），很难翻译成英文。最难的词*anschaulich*，意思有些像"物理"或"直觉"。海森堡似乎被焦虑和烦恼所困扰，因为薛定谔的量子理论比他的更直观，被更广泛地接受，虽然这两种形式主义导致相同的结果。在1926年的春天，薛定谔相信，他的波函数方程提供了一个在原子内部发生了什么的物理解释。他认为自己的波函数是一个你可以想象的事情，与原子内部的电荷分布有关。在1926

年的前6个月，物理学家认为这种解释是正确的，[4] 一直到玻恩引进他的概率解释之后，才知道这一结果是不正确的。

另一方面，海森堡也利用抽象数学建立了自己的理论，预测实验结果极其成功，但不能得出一个明确的物理解释。海森堡在1926年6月8日在给泡利的信中表达了他的激愤之情，因为在数周前，玻恩暗中支持了薛定谔的直观方法。海森堡在信中写道："薛定谔理论的物理部分，我思考得越多，我就发现越是讨厌它。薛定谔关于他的理论的生动性（*anschaulichkeit*）写了些什么……我认为是胡说（*Mist*）。"德语单词 *mist* 的意思是"垃圾"，或"胡说"……或"无聊"。

海森堡决定要做的就是探讨如何对一个物理学理论进行"直观描述"或（薛定谔的）生动性。他问自己，量子理论应当如何解释有关熟悉的粒子特性比如位置？在他原来的理论精华中，他认为，只有你规定了怎样测量一个粒子的位置之后，再谈论这个粒子的位置才是有意义的。因此，你不精确地规定怎样找出一个电子的位置，就不能问在一个氢原子内部电子实际在哪儿。这听起来好像是咬文嚼字，但绝对不是。海森堡认为，每一个真实的测量行动都会引入干涉，结果是我们能够多精确地"知道"一个电子就有了限制。具体来说，在他原来的文章中，海森堡能够估计在同时测量一个粒子的位置和动量时其精确度之间的关系。在他著名的不确定性原理中，如果 $\Delta x$ 是我们知道粒子位置的不确定性，$\Delta p$ 是相应的动量的不确定性（希腊字母 $\Delta$ 发音"德尔塔"，所以 $\Delta x$ 读作"德尔塔 $x$"），那么：

$$\Delta x \Delta p \sim h$$

此处 $h$ 是普朗克常数，符号"~"意味着"近似等于"。总之，一个粒子位置的不确定性和它动量的不确定性的乘积大约等于普朗克常数。这意味着，确定一个粒子的位置越精确，那么我们知道它的动量就越不精确，反之亦然。海森堡通过思考电子发射的散射光子得出这个结论。光子是我们"看"到电子的手段，就像我们每天通过从物体上散射出来的光

---

〔4〕维基百科将"废话"描述为"一种类型的从牲畜的胃里出来的可食的残渣"，但它的通俗意思是废话。在这里两个定义都是适当的。

子，并收集在我们的眼睛中看到日常的物体一样。本来，从一个物体反弹回来的光线会感觉不到它干扰这个物体，但我们根本无法否认的是，我们不能把测量行动和测量的事物绝对地孤立开来。有人可能会担心，通过设计一个适当的精巧的实验，有可能击败不确定性原理的限制。我们要证明这是不可能的，不确定性原理绝对是基本的，因为仅用我们的时钟理论就可以推导它。

## 宇量宙子 从时钟理论推导海森堡的不确定性原理

我们不从位于一个单一点的一个粒子开始，而是从考虑一个粒子我们大约知道它的位置开始，但是不精确知道它在哪儿出发。如果我们知道一个粒子位于空间的一个小区域内的某处，我们就可以用充满这个区域的一个时钟群来代表。在区域内的每一个点将有一个时钟，并且时钟代表在这一点上发现该粒子的概率。如果我们将每一点上所有时钟指针的长度平方，并叠加在一起，我们将得到1，即在这个区域某处找到粒子的概率为100％。

稍过一会儿，我们将用我们的量子规则（quantum rules）进行一个严格的计算，但是首先我们应该坦白地说，我们没有提到一个重要的对时钟转动规则的补充说明。我们不想过早引入它，因为这是一个技术细节，但如果我们忽略它来计算实际的概率时，我们就不会得到正确的答案。它涉及到我们在前一章末尾所说的内容。

如果我们从一个单一的时钟开始，那么指针的长度必须是1，因为在时钟这个位置发现粒子的概率为100％。我们的量子规则说，为了描述某个稍后时间的粒子，我们应该将这个时钟传送到宇宙中的所有点，相应于这个粒子从它的初始位置跃迁。显然地，我们不能让所有时钟指针的长度定为1，因为这样我们的概率解释就失败了。例如，想象一下该粒子由4个时钟描述，相应于它在4个不同的位置。如果每个指针长度都为1，那么这个粒子位于这4个位置中的任何一个位置的概率都是400％，这显然是没有意义的。为了解决这个问题，除了逆时针转动这个时钟外，还必须收缩时钟。这个“收缩规则”（shrink rule）说，在所有新的时钟大量产生之后，每个时钟应当按照时钟总数的平方根进行收缩。[5] 对于4个时钟，这意味着每个指针必须收缩$\sqrt{4}$倍，即最后4个时钟的指针长度均为1/2。然后在4个时钟的任何一个位置发现粒子的几率为 $(1/2)^2=25\%$。用这种简单的方法，我们能够确保在某处发现粒子的概率总是100%。当然，可能会有无限多个可能的位置，在这种情况下时钟的尺寸应为0，这可能听起来让人吃惊，但数学可以处理它。为了达到我们的目的，我们应当总是想象有一个有限数目的时钟，并在任何情况下，我们实际不需要知道时钟收缩多少。

让我们回过头来思考一个含有不知道精确位置的单一粒子的宇宙。你可以把接下来的部分作为一个小小的数学难题。第一次接触它你可能感到很棘手，但可以多做几遍。如果你能够理解这是怎么回事，你就会明白不确定性原理是怎样出现的。为简单起见，我们假设粒子在一维方向移动，这意味着它是位于一条线的某处。更加现实的三维情况与此没有什么根本的不同，只是很难画而已。在图4.3中，我们画出了这个情况，用一条线上的3个时钟代表粒子。我们应该想到有比这多得多的时钟，粒子的每一个可能的点一个，但这将非常难画。时钟3位于初始时钟群的左侧，时钟1在右侧。重申一下，这代表我们知道粒子开始时是介于时钟1和时钟3之间某处的情况。牛顿说过，如果我们对粒子什么都不做，粒子将停留在时钟1和时钟3之间，但量子规则会怎么说呢？有趣的事情开始了，我们要用时钟规则（clock rules）来回答这个问题。

让我们允许时间嘀嗒向前和得出这一行时钟将发生什么。我们从思考离开初始时钟群很远距离的、在图中标记为X的特定点开始。我们在后面将更为定量地说明“远距离”的意思是什么，但现在，它只是意味着我们需要做很多时钟的转动。

应用这个游戏规则，我们应该取初始时钟群里的每个时钟，移动到X点，相应地转动指针和收缩它。实际上，这对应于粒子从时钟群中的点跃迁到X点。有许多时钟到达X点，每个都来自这一行中的初始时钟，并且我们应该把它们叠加在一起。当这一切完成后，产生的时钟指针长度的平

---

[5] 用同一个量收缩所有的时钟，只有在忽略爱因斯坦狭义相对论的影响时才是严格对的。否则，某些时钟要比别的时钟收缩得多。我们不需要为此担心。

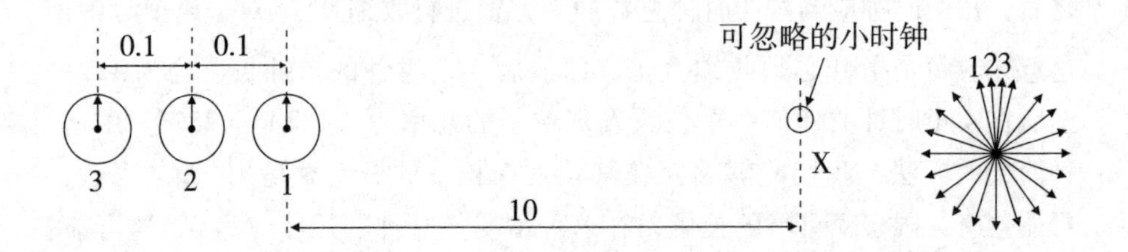


**图4.3　排成一行的三个时钟都显示同一时间：这描述一个粒子最初位于这一区域的时钟。我们感兴趣的是要搞清楚在某个稍后的时间，在X点找到该粒子的几率。**

方将给出在X点找到粒子的概率。

现在让我们看看如何能够考虑全部情况并放进某些数字。令X点离开时钟1的距离为“10”个单位，并且初始时钟群的宽度为“0.2”个单位。回答“10个单位有多远”需要引进普朗克常数，但现在我们要巧妙地避开这个问题，只是指定1个单位的距离相当于时钟完整转动一次（12小时）。这意味着X点离开初始时钟群的距离约等于$10^2=100$次完整的转动（记住转动规则）。我们还假设，初始时钟群的时钟大小相同，而且它们都指向12点。假设它们大小相同只是为了假设该粒子处在点1和点3之间任何地方的几率相同，它们全都显示同样时间的意义我们在适当时候将说明。

时钟从点1传送到X点，按照我们的规定，时钟的指针必须逆时针转动100次。现在将时钟从点3传送到X点，这要多跨过0.2个单位。这个时钟移动10.2个单位，因此它的时钟指针要比先前多转动一些，应为$10.2^2$，这就很接近104了，完整的转动。

现在X处有两个时钟了，相应于粒子跃迁从点1到X和从点3到X，我们必须把它们叠加在一起，以便完成计算最后时钟的任务。因为它们的转动都非常接近整圈数，因此转动结束时指针都大约指向12点，它们的叠加将形成一个有更大指针并指向12点的时钟。注意，要紧的只是时钟指针的最终方向。我们不需要跟踪它们多长时间转动一次。到此为止进行得还不错，可是我们还没有完成，因为在时钟群的左边和右边之间还有很多其他的小时钟。

于是我们的注意力现在转向了两个时钟中间的时钟，即时钟2。它离开X点的距离是10.1个单位，这意味着必须转动它$10.1^2$次。这非常接近转动102个整圈，又是整圈数。我们需要把这个时钟和X点的其他时钟加起来，如前所述，这将使X点的时钟指针更长。继续下来，在点1和点2之间的中间也有一个点，并且从这里跃迁的时钟要转101个整圈，又增加了最后时钟指针的尺寸。但在这里有很重要的一点要注意。如果我们现在再走到这两点之间的中间，得到的时钟在到达X时要转动100.5圈，这相当于时钟指针指向6点，当我们加上这个时钟时，将缩短在X处的时钟指针的长度。想一想你就会相信，虽然点1，2和3的时钟到达X点产生的时钟指针指向12点，虽然点1，2，3之间的中间的时钟产生的时钟指针也指向12点，但在点1和3之间1/4与3/4的地方，和点2和3之间1/4与3/4的地方的时钟产生的时钟指针将指向6点。总起来有5个时钟指向上，4个时钟指向下。当将所有这些时钟叠加在一起时，在X点得到的最终时钟的指针将很小，因为几乎所有的时钟都彼此相互抵消了。

这种“时钟抵消”（cancellation of clocks）明显延伸到现实的情况中，如果我们考虑位于点1和点3之间的所有可能的点。例如，离开点1有1/8的点得到的是指向9点的钟，而离开3/8的点产生的是指向3点的钟，二者再次彼此抵消。其净效果是，对应粒子从时钟群某处向X点移动的所有路径的时钟都彼此相互抵消。在图的最右边说明这个相消。箭头表示从初始时钟群各点出发到达X点的时钟指针。所有这些箭头叠加的效果是全都相互抵消。这是至关重要的“切中要害”的信息。

再重说一下，我们已经说明如果原始时钟群足够大，并且X点离得足够远，那么相应于每一个到达X点指向12点的时钟，都会有另一个到达X点指向6点的时钟和它相互抵消。每一个到达X点指向3点的时钟，会有另一个到达X点指向9点的时钟抵消它，等等。这种批量抵消意味着在X点实际上根本没有机会发现粒子。这真的是非常令人鼓舞和有趣的，因为它看起来更像描述一个粒子是不动的。虽然我们开始的假定，即一个粒子可以从空间一个单一的点在很短的时间后跑到宇宙中的其他地方，听起来是荒谬的建议，但如果我们一开始就从一个时钟群探讨我们现在的发现，其情况就并非如此。对于一个时钟群来说，因为所有的时钟都杂乱无章地相互干涉，粒子没有机会远离其初始位置。用牛津大学教授詹姆斯·宾尼（James Binney）的话说，这一结论是由于“量子干涉的狂欢”（大规模的量子干涉，orgy of quantum interference）得到的结果。

对于大规模的量子干涉和相应发生的时钟抵消，X点需要离初始的时钟群足够远，以便时钟可以转动许多次。为什么呢？因为如果X点离得太接近，那么时钟的指针不一定有机会必须至少转动一次，这意味着它们不会相互抵消。例如，设想假如从点1的时钟到X点的距离是0.3个单位，而不是10。那么时钟群前面的时钟比以前转动要小，相应于一圈的$0.3^2=0.09$，这意味着指针指向1点刚过一点点。同样，在时钟群后面的点3的时钟到X点的距离是0.5个单位，现在得到的转动为$0.5^2=0.25$圈，这意味着指针指向3点。因此，所有在1点和3点之间的时钟到达X点不能相互抵消，而是相反得到一个大约指向2点的大时钟。所有这一切都等于说，在靠近原始时钟群，但在原始时钟群之外的地方有一定的几率发现粒子。“靠近”（close to）的意思是没有足够的转动使指针至少转动一圈。这开始有一点不确定性原理的味道了，但它仍然有一点模糊，所以让我们探明我们所说的初始时钟群“足够大”和一个点“离得足够远”到底是什么意思。

我们最初的假设，按照狄拉克和费曼的定义，是当一个质量为$m$的粒子在时间$t$跃迁的距离$x$与作用力成正比，即指针转动的量与$mx^2/t$成比例。如果我们要计算实际的数值说它“成比例”还不够。我们需要精确知道转动的量等于什么。在第2章讨论牛顿万有引力定律时，为了作出定量估计引进了牛顿万有引力常数，它决定万有引力的强度。添加上牛顿常数，这个数放到方程里就可以计算真实的事情了，如月球的轨道周期或“旅行者2号”飞船在太阳系中的航行路线。对于量子力学来说，我们现在需要类似的一个东西，一个大自然常数来设置尺度，使我们能够采取行动，精确地得出当我们将时钟从其初始位置移动到指定的距离应该将时钟转动多少。这个常数是普朗克常数。

## 宇量宙子 普朗克常数的简要历史

1900年10月7日的夜晚，一个天才的想法在马克斯·普朗克（Max Planck）的头脑中闪过，他设法解释了热物体辐射能量的方式。在19世纪整个后半叶，热体发出的光的波长分布与其温度的关系，始终是物理学的谜题之一。每个热体发出光，并且当温度增加时光的特性改变。我们熟悉可见光区域的光，相应于彩虹的颜色，但发生的波长也可以太长或太短，以致人眼看不到。比红色光线波长还要长的光叫做“红外线”，可以用做夜视镜。更长波长的光相应于无线电波。同样，波长比蓝色光短的光叫做紫外线，波长更短的光通常叫做“伽马射线”。在室温下未点燃的煤块发射的光在光谱的红外部分。但是，如果我们把它扔到火炉中燃烧，它将开始发出红色光。这是因为当煤炭温度上升时，它辐射的平均波长减少，最终进入我们的眼睛能看到的范围。这个规则是，物体越热，它发出的光的波长越短。随着19世纪实验测量精度的改进，很明显，没有正确的数学公式来描述这一观察现象。这个问题通常被称为“黑体问题”，因为物理学家将完全吸收，然后又重新发出辐射的理想物体叫做“黑体”（black body）。问题是严重的，因为它揭示出无法理解任何物体和每个物体发出的光的性质。

普朗克在他就任柏林理论物理学教授前，一直在热力学和电磁学领域努力思考这个问题和相关的问题许多年。在普朗克到达之前，这个职位是给玻尔兹曼（Boltzmann）和赫兹（Hertz）的，但两人都拒绝了。对普朗克来说这是幸运的，由于柏林是黑体辐射实验研究中心，普朗克所潜心进行的实验工作对他后来的理论成果起到了关键的作用。物理学家与同事之间有广泛的和随意的交谈时，他们往往工作得最好。

我们能清楚地记住普朗克发现的日期和时间，是因为1900年10月7日星期日，他和他的家人与他的同事海因里希·鲁本斯（Heinrich Rubens）共度了一个下午。在午餐时，他们讨论了到目前为止解释黑体辐射细节的理论模型的失败。到了晚上，普朗克写下一个公式，用明信片寄给鲁本斯。最后证明这是一个正确的公式，但它的确是非常奇怪。普朗克在尝试了他能想到的一切之后，把它描述为“一个绝望的行为”。真的不清楚普朗克是怎么想出他的公式的。亚伯拉罕·派斯（Abraham Pais）在他写的卓越的爱因斯坦传记《上帝是不可捉摸的》（*Subtle is the Lord* …）中写道：“他的推理是疯狂的，但他的疯狂具有神的智力，是只有最伟大的过渡人物才能带来的科学。”普朗克的建议是令人费解的和革命性的。他发现，只有假定发出光的能量是由大量较小的能量包组成，才可以解释黑体的光谱。换句话说，总能量是用一个大自然的新的基本常数为单位量子化的。普朗克称此为“作用量子”（the quantum of action）。今天，我们称它为普朗克常数。

普朗克公式的实际意思是，虽然他当时没有认识到，光总是取能量包或量子的形式。用现代符号表示，这些能量包的能量为 $E = hc/\lambda$，式中 $\lambda$ 是光的波长（$\lambda$ 发音“兰姆达”），$c$ 是光速，$h$ 是普朗克常数。在这个方程中，普朗克常数的作用是作为光的波长和它相关量子之间的转换系数。普朗克所认识到的，对发射光能量的量子化认识起源于光本身是由粒子构成的，这个建议最初是由阿尔伯特·爱因斯坦提出的。这个论点是在他 1905 年的创造大爆发时期产生的，这一年还奇迹般地产生了狭义相对论和科学历史上最著名的公式 $E = mc^2$。爱因斯坦 1921 年获得诺贝尔物理奖（由于一个相当神秘的官僚作怪，他在 1922 年才得到这个奖），这是由于他在光电效应上做的工作，而不是他最著名的相对论。爱因斯坦提出光可被视为一个粒子流（他当时没有使用光子这个词），他正确地认识到，每个光子的能量与波长是成反比的。爱因斯坦的这个猜想起源于最著名的量子理论的一个悖论——粒子表现为波，反之亦然。

普朗克搬掉了奠定麦克斯韦描述的光的图像的第一块基石，他证明从热体发出的光的能量只能由假定它是按量子发射的才能解释。是爱因斯坦掏出砖头，使整个经典物理学的大厦坍塌。他的光电效应解释不但要求光是以小能量包发出的，而且还和局部能量包形式的物质相互作用。换句话说，光的行为确实表现为一个粒子流。

光是由粒子构成的想法，也就是说“电磁场是量子化的”，是备受争议的，在爱因斯坦第一次提出之后有几十年不被接受。爱因斯坦的同事勉强接受光子的想法，这一点从 1913 年普朗克本人参与共同撰写的推荐爱因斯坦为享有盛名的普鲁士科学院会员的推荐信中可以看出，这是在爱因斯坦引进光子 8 年之后：

> 总之，我们可以说几乎没有一个现代物理的重大问题爱因斯坦没有作出过显著的贡献。他有时候会在他的猜测中错过目标，例如他的光量子假说，但这不能太责怪他，因为即使在最正确的科学中不冒一点险是不可能引进新的想法的。

换句话说，没有人真的相信光子是真实的。普遍持有的观点是普朗克的想法更合理，因为他的建议更多涉及物质的性质，即发光的是小振荡器，而不是光本身。要相信麦克斯韦美丽的波方程，需要用粒子理论更换它实在是太难以让人接受。

我们重温这段历史部分，是为了使你了解接受量子理论必须面对的真正的困难。它是无法想象的一件事，如电子或光子，它们表现得有点像一个粒子，有一点像波，有一点又都不像。爱因斯坦在他的余生中继续关心这个问题。在1951年，他去世的前4年，他写道："所有这50年的思考没有让我更接近回答这个问题，什么是光量子？"

60年之后，不再争论的事实是，我们用小时钟阵列建立的理论，精确无误地描述了曾被设计用来测试它所得出结果的每一个实验。

## 宇宙量子 回到海森堡的不确定性原理

以上是引进普朗克常数背后的历史。但对于我们而言，最重要的是要注意普朗克常数是一个"作用"单位，就是说它是相同类型的数量的东西，告诉我们要把时钟转动多少。其现代值是 $6.626\ 069\ 572\ 9\times10^{-34}$ 千克·米$^2$/秒，按日常的标准这是非常微小的。这是我们为什么在日常生活中注意不到它，而它却有无孔不入影响的原因。

我们记得，与一个粒子从一个地方跳到另一个地方相应的作用，是写为粒子的质量乘以跃迁距离的平方除以跃迁发生的时间间隔。测量单位是千克·米$^2$/秒，普朗克常数的单位也如此，因此，如果我们简单地将作用除以普朗克常数，我们就消掉了所有单位得到一个纯粹的数量。按照费曼的定义，这个纯粹的数字是与一个粒子从一个地方跳到另一个地方相应的要转动时钟的量。例如，如果数字是1，即转动1整圈，如果它是1/2，即转动1/2圈，等等。用符号表示，与一个粒子在时间 $t$ 跃迁距离 $x$ 的概率相当于时钟应该转动的精确数量为 $mx^2/(2ht)$。注意在这个公式中出现的1/2系数。你可以认为那是为了与实验符合所需要的，或者是由作用的定义产生的。[6] 两者都可。现在我们知道了普朗克常数的值，我们可以真实地量化转动的量和解决我们早些时候尚未解决的问题。即跃迁“10”个单位的距离到底意味着什么呢？

让我们按照日常的标准看看我们的理论所说的小东西是什么：一粒沙子。我们建立的量子论认为，如果我们把这粒沙子放在某个地方，过一会儿后，它就可以出现在宇宙的任何地方。但是真正的沙粒不会发生这样的事情。我们已经瞥见了解释这个潜在问题的方法，因为与从各个初始位置跳出的沙粒相应的时钟如果有充分的干涉的话，它们将相互抵消使这个沙粒保持不动。需要回答的第一个问题是，如果移动沙粒一个距离，比如说0.001毫米，时间是1秒钟，那么时钟需要转动多少次呢？我们无法看到这样小的距离，但是在原子的尺度它是非常大的。将这些数值代入费曼的转动规则（winding rule），你自己就可以很容易计算。[7] 答案是时钟似乎要转动1亿年。想象一下需要多少干涉呀。结果是沙粒停留在它原来的地方，几乎不存在它会跳过一个可以辨别的距离的概率，虽然为了得到这个结论我们真的不得不考虑它可能秘密地跳到宇宙的任何地方。

这是一个非常重要的结果。如果你记住了这个数字，那么你就会感觉到自己为什么会是这样的情况；是普朗克常数太小了。写全了，它的值是0.000 000 000 000 000 000 000 000 000 000 006 626 069 572 9 千克·米$^2$/秒。任何日常的数字除这个数都会导致大量的时钟转动和大量的干涉，结果为我们的一粒沙子穿过宇宙的异国之旅都彼此抵消了，我们发觉在无限的空间中旅行的这粒无聊的小尘埃，一动不动地坐在沙滩上。

我们特别感兴趣的当然是那些时钟不能相互抵消的情况，正如我们所看到的，如果时钟转动不足一圈这种情况就会发生。在这种情况下，大规模干涉的场面就不会发生。让我们定量说明这意味着什么。

---

[6] 对于一个质量为 $m$ 的粒子，在时间 $t$ 跳动距离为 $x$，作用力是 $1/2\ m\ (x/t)^2 t$，如果粒子是以常数在直线上移动的话。但这不意味着量子粒子从一个地方到另一个地方是直线移动的。时钟的转动规则是将时钟与该粒子在两点之间每一条可能的路径相关联得到的，并且所有这些路径相加得到的结果等于这个简单的结果是偶然的。比如说，如果要包括修正确保与爱因斯坦狭义相对论保持一致，时钟的转动规则就不这么简单了。

[7] 一粒沙子通常的质量约1微克，这是1千克的一百万分之一。

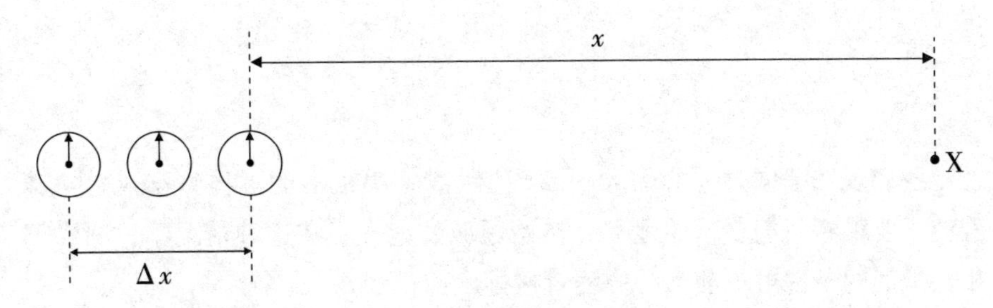


**图4.4　除了不给出时钟大小的具体值或到X点的距离之外，其余同图4.3。**

我们要回到时钟群，并重新画在图4.4中，但这一次我们的分析将会是更抽象的，而不是给出确切的数字。我们将假设时钟群的大小为$\Delta x$，在时钟群中离X最近点到X的距离为$x$。在这种情况下，时钟群的大小为我们知道的粒子初始位置的不确定性；它从大小为$\Delta x$的一小区域的某处开始。从时钟群中最靠近X点的点1出发，相应从这点跳到X点后时钟应转动的量为：

$$W_1 = \frac{mx^2}{2ht}$$

现在让我们取最远的点，点3。当我们把时钟从这点移动到X点时，要相应转动一个更大的量，即：

$$W_3 = \frac{m\ (x+\Delta x)^2}{2ht}$$

我们现在可以精确地确定时钟从时钟群中所有点移动到X点不相互抵消的条件：点1时钟和点3时钟之差应小于一整圈，即：

$$W_3 - W_1 < \text{one wind}$$

写全了，应为：

$$\frac{m\ (x+\Delta x)^2}{2ht}-\frac{mx^2}{2ht}<1$$

我们现在考虑时钟群的大小 $\Delta x$ 比距离 $x$ 小很多的具体情况。这意味着粒子要跳到我们要求的远离它初始领域的地方。在这种情况下，时钟不相互抵消的条件可从前面的方程直接推出：

$$\frac{mx\Delta x}{ht}<1$$

如果你知道一点数学，将括号乘开，略去所有 $(\Delta x)^2$ 项就可以得到这个结果。这样做是可靠的，因为我们说 $\Delta x$ 相比 $x$ 很小，一个很小量的平方就更小。

这个方程是在 X 点的时钟不会相互抵消的条件。我们知道，如果时钟在特定点不抵消，那么在这个点就有发现粒子的一个好机会。因此我们发现，如果粒子最初是位于大小为 $\Delta x$ 的时钟群内，那么在一个时间 $t$ 后在离时钟群一个长距离 $x$ 处，就有一个较大的几率找到它，如果上述方程满足的话。此外，这个距离随时间增大，因为在我们的公式中时间 $t$ 是除数。换句话说，时间过得越久，离初始位置更远的地方找到粒子的几率增加。这看起来就好像一个粒子在移动了。还要注意，当 $\Delta x$ 更小时，即粒子在初始位置的不确定性较小，在距离远的地方找到粒子的几率也增加。换句话说，我们确定粒子的位置越准确，它离开初始位置的速度就越快。现在看起来很像海森堡的不确定性原理了。

为做出最后的联系，让我们稍微改写一下方程。请注意，一个粒子从时钟群的任何地方经过时间 $t$ 到达 X 点它必须跃迁过一个距离 $x$。如果你实际测量在 X 点的粒子就自然会得出结论，即粒子移动的速度为 $x/t$。还要记住，质量乘以粒子的速度是它的动量。现在可以进一步简化方程，写为：

$$\frac{p\Delta x}{h}<1$$

式中 $p$ 是动量。这个方程可以重写为：

$$p\Delta x < h$$

这真的是非常重要的结果，值得更多地讨论，因为它看上去很像海森堡的不确定性原理。

目前数学描述就到此为止，如果你没有很仔细地掌握它，也应该能从这里得到线索。

如果我们从一个位于大小为 $\Delta x$ 的一个小区域的粒子出发，我们已经发现，经过一段时间以后可以在一个更大的大小为 $x$ 的区域中的任何地方发现它。在图 4.5 说明这个情况。更准确地说，这意味着如果最初我们找过这个粒子，这个几率是我们发现它在内部小区域某处的几率。如果我们不测量它，而是等一会儿，那么就有一个更大的几率在大区域的任何地方找到它。这意味着粒子可以从初始的小区域中的一个位置移动到大区域内的一个位置。它不必移动，就仍然有一个概率停留在较小的区域 $\Delta x$ 中。但是很可能测量将揭示，这个粒子已经移动到大区域的边缘之外。[8] 如果这个极端情况在测量中实现了，我们就会得出结论：粒子以我们刚才推导的方程给出的动量移动（如果你没有领会数学方法，那么你就相信它吧），即 $p = h/\Delta x$。

现在，我们可以再从新开始，像以前一样精确地设置一切，使粒子再度初始位于大小为 $\Delta x$ 的小区域内。一旦测量了粒子，我们就可能在较大的除最边缘外的区域内别的地方发现它，因此得出它的动量小于极值的结论。

如果我们想象着一再重复这个试验，测量在一个大小为 $\Delta x$ 的初始小时钟群内一个粒子的动量，那么通常得到的动量 $p$ 值将在 0 和极值 $h/\Delta x$ 之间的任何地方。这句话说“如果做这个实验多次，那么预计得到的动量为 0 和 $h/\Delta x$ 之间的某个值”，这意味着“这个粒子动量的不确定性由 $h/\Delta x$ 确定”。正如在位置上的不确定性的情况，物理学家用符号 $\Delta p$ 表示动量的不确定性，并写为 $\Delta p\Delta x \sim h$。“ ~ ”这个符号表明位置不确定性与动量不

---

〔8〕有可能粒子跑到图中大区域所标出的范围以外的“极端”情况，但是正如我们证明的，在这样的情况下时钟倾向于相互抵消。

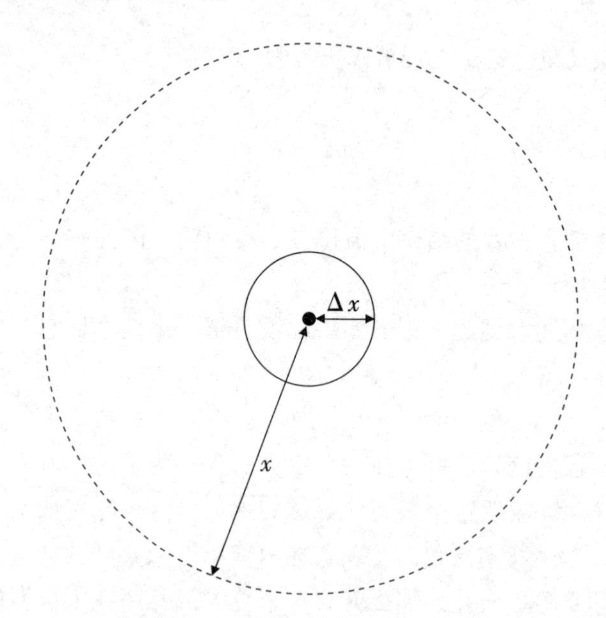


**图4.5　一小群时钟随着时间增长，相应于一个粒子初始时是本地的，随着时间的进展离开原位置。**

确定性的乘积大致等于普朗克常数。它也许大一点，也许小一点。在数学上更小心一点，我们就可以得出这个方程是完全正确的。结果取决于初始时钟群的细节，但这里不值得再额外多花费时间，因为对于掌握核心理念这已经足够了。

一个粒子的位置不确定性与动量不确定性的乘积大致等于普朗克常数这个说法，也许是最常见的海森堡不确定性原理的形式了。它告诉我们，知道了粒子在某个初始时间位于某个区域之内，随后的测量得出的粒子位置移动的动量值不可能比“在 0 和 $h/\Delta x$ 之间某处”更精确。换句话说，如果初始时一个粒子被局限的区域越来越小，那么它倾向于跳离这个区域越来越远。这是非常重要的，值得再说第三次：如果知道一个粒子在某一时刻的位置越精确，那么知道它移动的速度就越不精确，因此在稍后的时间它在哪儿越不精确。

这正是海森堡不确定性原理的说法。它是量子理论的核心所在，但我们应该十分清楚，它本身并不是一个模糊的陈述。它是说，我们无法精确跟踪粒子，像牛顿魔法一样，这里也没有更大范围的量子魔术。我们前几页所做的是用量子物理的基本规则，它体现在时钟的转动、收缩和叠加规则中，进而推导出海森堡的不确定性原理。事实上，其根源在于我们的主张，一个粒子在我们测量它的位置后的一个瞬间可以遍布宇宙的任意地方。我们开始时的大胆设想，粒子可以在宇宙的任何地方和每一个地方已被大规模的量子干涉的场面所检验，并且不确定性原理在某种意义上仍然让人感到奇怪。

在我们继续进行下去之前，有一项非常重要的事情是如何解释不确定性原理。我们一定不要误以为粒子确实是在一些单一的、特定的地方，和初始时钟的分布真的反映了我们理解的某些局限性。如果我们这样认为，那么我们就无法正确计算不确定性原理，因为我们不愿意承认，我们必须取初始时钟群内每一个可能位置的时钟，把它们移动到一个遥远的 X 点，然后把它们叠加起来。只有这样做才能给我们这样的结果，即必须假定粒子通过很多可能途径的叠加到达 X 点。后面我们将在某些真实世界的例子中使用海森堡原理。现在，我们已经满意了，我们只是利用假想时钟的某些简单的运作就已经得出一个量子理论的主要结果。

让我们代入一些数字到方程中，以便得到更好的理解。一颗沙粒以一定的概率跳出火柴盒，我们需要等多久呢？让我们假定火柴盒三边的长度为 3 厘米，沙粒为 1 微克。记得沙粒跳动一个距离的合理概率由以下公式给出：

$$\frac{mx\Delta x}{ht} < 1$$

式中 $\Delta x$ 是火柴盒的大小。让我们计算如果沙粒跳动的距离为 $x = 4$ 厘米，跳到火柴盒之外需要多少时间 $t$。进行简单的代数运算，得出：

$$t > \frac{mx\Delta x}{h}$$

结果告诉我们必须大于近似值 $10^{21}$ 秒。这大约是 $6 \times 10^{13}$ 年，这是宇宙目前年龄的 1 000 倍。因此它不会发生。量子力学是奇怪的，但还没有奇怪到让一粒沙子在没有外界帮助下就跳出一个火柴盒外。

为了总结本章并转向下一章，我们将最后再看一下。我们推导的不确定性原理是根据图 4.4 说明的时钟配置。特别是，我们设置的初始时钟群的时钟指针的大小全都相同，并且显示的时间也相同。这个具体安排对应一个粒子最初停留在空间的一定区域，例如，火柴盒中的一粒沙子。虽然我们发现，粒子将最有可能不会保持静止状态，但我们也还发现，对于大的物体，在量子术语中一颗沙粒的确是非常大的，这个移动完全检测不到。所以在我们的理论中是检测不到足够大的物体的移动的。很明显我们遗漏了什么重要的东西，因为大的物体确实在到处移动，然而记住，量子理论是所有大物体和小物体的理论。我们现在必须讨论这个问题：如何解释运动？

# 5. 运动错觉

在上一章中，我们考虑的是时钟的一个特定的初始安排，一个小时钟群中每个时钟指针的大小相同，指向同一个方向，用这种方法得到了海森堡的不确定性原理。我们发现这种安排代表了一个近似于静止的粒子，虽然量子规则允许它可在附近抖动一下。我们现在将建立一个不同的初始配置，以描述一个粒子的运动。在图 5.1 中，我们已经绘制了一个新的时钟配置。这也是一个时钟群，对应于初始时一个位于这个时钟附近的粒子。和前面一样，时钟在 12 点的位置，但时钟群中的其他时钟现在都向前转动了不同的量。这次我们画了 5 个时钟，只是为了帮助使推理更透明，虽然像以前一样，我们要想象在我们画的时钟之间有很多时钟，在这个时钟群中的每一点一个。让我们像以前一样应用量子规则，将这些时钟移动到 X 点，一段这个时钟群外的很长的路程，再度描述这个粒子从这个时钟群跃迁到 X 点的很多途径。

为了使我们的程序变得更加常规，让我们取来自点 1 的时钟，将它传播到 X 点，边转动边前进。它转动的量为：

$$W_1 = \frac{mx^2}{2ht}$$

现在让我们取来自点 2 的时钟，并传播到 X 点。它的距离稍微远一点，比如说一个较远距离 $d$，所以它转动的量多一点：

$$W_2 = \frac{m\ (x+d)^2}{2ht}$$

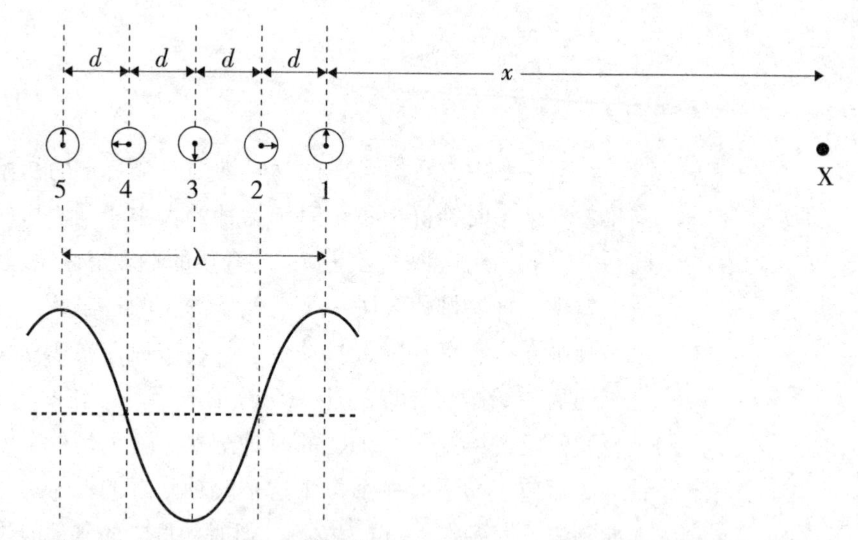


**图 5.1　初始时钟群（用时钟 1 到 5 表示），由具有不同时间读数的时钟组成，相对它们的邻居它们全都偏离 3 小时。图的下面部分，说明时钟的时间在整个时钟群中是怎样变化的。**

这正是我们在前一章仔细做过的，但是，我们已经看到这个新的时钟的初始配置将有某些不同的事情发生。我们这样进行设置，时钟 2 初始时相对于时钟 1 向前拨 3 小时，从 12 点拨到 3 点。但在时钟 2 传播到 X 点过程中，要比时钟 1 向回拨得多一点，相应它要额外传播一个距离 $d$。如果我们的安排是使时钟 2 最初向前拨的量与它传播到 X 点额外向后拨的量完全相同，那么它到达 X 点时将显示与时钟 1 完全相同的时间。这将意味着，远非相互抵消，时钟 2 将与时钟 1 叠加产生更大的时钟，这反过来又意味着在 X 点发现粒子的概率更高。这完全不同于所有时钟初始读数相同时所发生的大规模量子干涉情况。现在让我们考虑时钟 3，相对于时钟 1 向前拨了 6 个小时。时钟 3 旅行到 X 点要多走一个额外距离 $2d$，并且同样由于时间的偏移，这个时钟到达时指针指向 12 点。如果我们用同样方式设置所有的偏移，这种情况就将在整个时钟群中发生，在 X 点所有的时钟将建设性地叠加在一起。

这意味着在某个稍后的时间里，在 X 点发现粒子的概率高。显然 X 点是一个特别的点，因为来自时钟群的所有时钟的时间读数相同。但 X 点不是唯一的特殊点，在 X 左边所有点的距离等于初始时钟群的长度都共享时钟建设性地叠加在一起这一相同的性质。要明白这一点，注意到我们可以取时钟 2 并把它移动到 X 左边一个距离为 $d$ 的点。这将相应移动它一个距离 $x$，这是我们将时钟 1 移动到 X 点的完全相同的距离。然后我们可以将时钟 3 移动距离 $x+d$ 到达这个新的点，这是与前面移动时钟 2 完全相同的距离。这两个时钟当它们到达并叠加在一起时应该读同一时间。我们可以对时钟群中的所有时钟继续这样做，直到到达 X 点左边的距离等于初始时钟群的大小。在这个特殊区域的外部，时钟大部分抵消了，因为它们不再受通常的大规模量子干涉现象的保护。[1] 解释是清楚的：时钟群在移动，如图 5.2 所示。

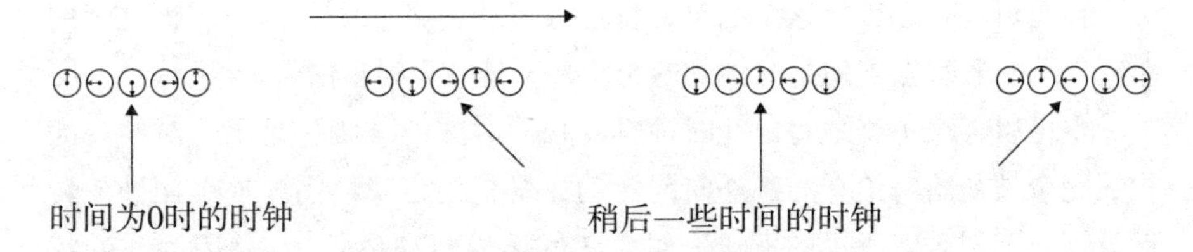


**图 5.2　时钟群以固定的速度向右移动。这是因为初始时钟群的时钟是按照书中的描述彼此相对转动的。**

这是一个迷人的结果。通过使用偏移时钟来设置初始时钟群，而不是全都指向同一个方向的时钟，我们成功地实现了对一个运动粒子的描述。有趣的是，我们也可以在偏移时钟和波的行为之间建立非常重要的联系。

请记住，我们的目的是引进第 2 章中的时钟，以便解释在双缝实验中

〔1〕你可能想自己明确地验证这一点。

粒子类似于波的行为。回顾第29页上的图3.3，在那张图上我们草拟了描述一个波的时钟布置。它就像是我们的移动时钟群中时钟的布置。在图5.1的时钟群的下面部分，我们画出了相应的波，正是利用了前面使用的相同方法：12点代表波峰，6点代表波谷，3点和9点代表波高为零的地方。

我们可以预期，这个运动粒子的描述显然与波有某些关系。波有波长，相应于时钟群中有相同时间的时钟之间的距离。我们在这张图上也画出了这一点，并标以 $\lambda$。

我们现在可以得出X点应该离这个时钟群多远，才能使相邻的时钟建设性地叠加在一起。这将带领我们到另一个非常重要的量子力学结果，并在量子粒子和波之间建立更加清晰的联系。我们需要一些时间多讲一点数学。

首先，我们需要写下时钟2相对于时钟1需要额外转动的量，因为时钟2离X点要远一些。利用第62页上的结果，这个额外转动的量为：

$$W_2 - W_1 = \frac{m(x+d)^2 - mx^2}{2ht} \backsimeq \frac{mxd}{ht}$$

你也可以自己得出这个结果，将括号展开，略去 $d^2$，因为时钟之间的距离 $d$，相比X点到初始时钟群的长距离 $x$ 是一个很小的量。

也可以直截了当地写出让时钟具有相同时间的准则；为了让时钟2的扩展完全被初始时给它的额外向前转动的量抵消，我们需要这个额外的转动量。对于图5.1所示的例子，时钟2的额外转动量是1/4，因为我们将时钟向前拨了1/4圈。同样，时钟3的转动量为1/2，因为我们向前拨了1/2圈。我们可以用符号将两个时钟之间一整圈的一部分很普遍地表示为 $d/\lambda$，$d$ 是时钟之间的距离，$\lambda$ 是波长。如果你不能完全明白这一点，只要想想两个时钟之间的距离等于波长的情况。这时 $d=\lambda$，因此 $d/\lambda=1$，这是一整圈，两个时钟的时间读数相同。

总结起来我们可以说，为了让两个相邻的时钟在X点具有相同的时间，我们需要置于初始时钟的额外转动量等于由于传播距离之差所需的额外转动量：

$$\frac{mxd}{ht} = \frac{d}{\lambda}$$

这个公式可以像以前一样简化，注意 $mx/t$ 是粒子的动量 $p$。那么稍加重新安排，我们得到：

$$p = \frac{h}{\lambda}$$

这个结果很重要，被命名为德布罗意方程，因为它是在1923年9月由法国物理学家路易斯·德布罗意（Louis de Broglie）首次提出的。它是重要的，因为它将波长与一个已知动量的粒子联系起来。换句话说，德布罗意方程表示了通常与粒子有关的性质——动量，和通常与波有关的性质——波长，这两者之间的密切关系。这样，量子力学的波粒二象性从我们用时钟所作的仿造中出现了。

德布罗意方程成为了一个重大的概念上的飞跃。在他原来的文章中，他写道，应分配给所有的粒子一个“虚拟的波”，包括电子，并且一个电子通过一个狭缝“应该显示衍射现象”。[2] 在1923年，这是理论推测的，因为在1927年前，戴维森和格莫尔利用电子束并没有观察到干涉图案。爱因斯坦大约在同一时间利用不同的推理提出了类似于德布罗意的建议，并且这些理论结果成为薛定谔发展他的波动力学的催化剂。在薛定谔引入他的著名方程之前的最后一篇文章中，薛定谔写道：“这意味着除了认真对待德布罗意-爱因斯坦移动粒子的波理论之外，没有别的选择。”

我们可以更深入地了解德布罗意方程，看看如果减少波长会发生什么，这相应于增加相邻时钟之间的转动量。换句话说，我们将减少有着相同时间读数的时钟之间的距离。这意味着，我们就必须增加距离 $x$ 以弥补波长 $\lambda$ 的减少。换句话说，为了消除额外的转动，X 点需要离得更远一点。这对应于一个快速运动的粒子：动量越大波长越小，这正是德布罗意方程式所预测的。这是我们从一组静态的时钟群开始的普通的运动（因为时钟群在时间上是平稳运动的）推导所得到的美妙结果。

---

〔2〕“衍射”一词是用来描述一个特定类型的干涉，它是波的特性。

## 宇宙量子 波包

我们现在要回到在本章前面跳过的一个重要的问题。我们说，初始时钟群整体移动到 X 点的邻域，但只能大约维持它原来的配置。这种相当不精确的描述意味着什么呢？答案将提供返回海森堡不确定性原理的纽带，并提供进一步的理解。

我们描述了一个时钟群所发生的事情，这个时钟群代表一个可以在空间一个小区域内发现的粒子。这是由图 5.1 中的 5 个时钟所占据的区域。这样的一组时钟群称为一个波包。但我们已经看到，将一个粒子局限在空间某个区域有后果。我们不能阻止一个局限粒子受海森堡的制约（即因为它是局限的，它的动量不确定），并随着时间的推移，这将导致这个粒子“跳离”（leaking out）这个初始时是局限的区域。这个效果在所有时钟具有相同时间读数的地方存在，并且在移动时钟群的情况下也存在。它在行进中趋向于向外散布波包，就像一个稳态的粒子散布波包一样。

如果我们等得够久，与移动时钟群对应的波包将会完全瓦解，我们将失去任何预测粒子实际在哪儿的能力。这将显然也影响我们可能作出的测量粒子速度的任何企图。让我们看看这是怎么得出的。

一个测量粒子速度的好方法，是在两个不同的时间测量它的两个位置。粒子走过的距离除以两次测量之间的时间可以得出速度。然而，因为我们刚才所说的，这看起来像是一件危险的事情，因为如果我们测量一个粒子的位置太精确，那么我们就有挤压它的波包的危险，并将改变它随后的运动。如果我们不想让粒子受海森堡作用的显著影响（即因为 $\Delta x$ 很小，动量很大），这样我们必须确保我们的位置测量要足够模糊。当然，模糊是个含糊的术语，所以让我们要使它清楚一些。如果我们使用一个粒子探测装置，能够检测到粒子的精度为 1 微米和波包的宽度为 1 纳米，那么探测器就根本不会对粒子有多大影响。一个实验者可能非常高兴检测器的分辨率为 1 微米，但是从电子的角度来看，所有的探测器得出的结果是粒子在一个巨大的盒子里，比波包大 1 000 倍。在这种情况下，测量过程所产生的海森堡动量变化比波包最后尺寸本身产生的影响小很多。这就是我们所说的“相当含糊”的意思。

我们已经描绘了图 5.3 的情况，波包的初始宽度标以 $d$，探测器的分辨率为 $\Delta$。我们也画出了稍后时间的波包；它要宽一点，宽度为 $d'$，比 $d$ 要大。波包的波峰以速度 $v$ 在某个时间间隔 $t$ 走过距离 $L$。如果太多的公式使你想起早已遗忘的学生年代，我们会感到抱歉。那时的你坐在生锈的腐蚀的木长凳上，老师的声音消逝在晚冬下午半明半暗的光线中，而你却在打盹。我们多费笔墨是因为，我们希望这一节的结论将比老师的呵斥更为有效地使你幡然醒悟过来。

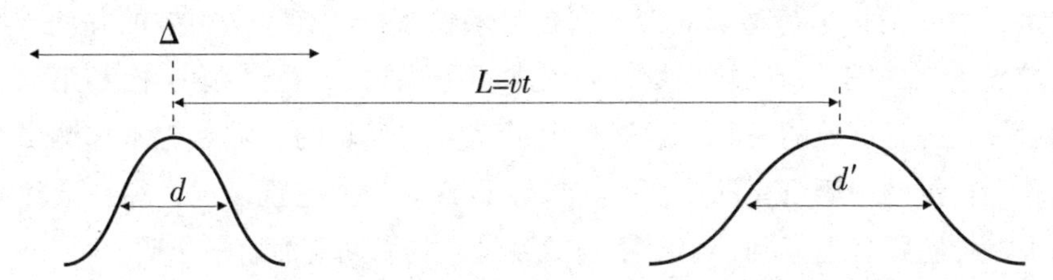


**图 5.3　两个不同时间的波包。波包随着时间的推移向右移动并展开。波包因为构成它的时钟彼此相对转动而移动（德布罗意），并因为不确定性原理而展开。包的形状不是很重要，但是为了完整起见，我们应该说，在波包大的地方时钟也大，在波包小的地方时钟也小。**

回到比喻意义上的科学实验室，我们要以新的活力尝试在两个不同的时刻测量波包的两个位置，以确定波包的速度 $v$。假定波包在时间 $t$ 所走过的距离为 $L$。但是因为我们探测器的分辨率为 $\Delta$，所以我们不能精确地确定 $L$。用符号表示，我们可以说测量的速度是：

$$v = \frac{L \pm \Delta}{t}$$

式中的加减号“ ± ”只是提醒我们，如果我们实际测量了两个位置，我们通常不能总是得到 $L$，而是“$L$ 加一点”或“$L$ 减一点”，而这一点是因为我们同意不能精确测量粒子的位置。重要的是要记住，$L$ 不是某个可以精确测量的量：我们测量的值总是在 $L \pm \Delta$ 范围内的某个值。还要记住，我们需要 $\Delta$ 比波包尺寸大得多，否则将挤压粒子，使它瓦解。

让我们稍微改写一下最后的方程，这样我们可以更好地看到发生了什么：

$$v = \frac{L}{t} \pm \frac{\Delta}{t}$$

看来，如果我们取 $t$ 非常大，那么我们测量的速度 $v = L/t$，分散范围就会很小，因为我们可以选择等待很长的时间，使 $t$ 足够的大，$\Delta/t$ 足够的小，而 $\Delta$ 可以保持适当的大。这看起来好像我们有一个很好的办法，进行粒子速度的任意精确的测量，而根本不干扰它：只要在第一次和第二次测量之间等足够长的时间。这就产生了完美的直观的感觉。想象你测量在马路上行驶的一辆汽车的速度。如果你测量 1 分钟它跑多远，往往会比测量 1 秒钟它跑多远得到一个更精确的测量。我们回避海森堡了吗？

当然没有，我们忘了考虑某些事情。粒子用随着时间的流逝向外传播的一个波包描述。给予足够的时间，散开将使波包完全消失，即粒子可以出现在任何地方。这将增加在测量 $L$ 时得到的值的范围，并破坏我们作出任意准确速度测量的能力。

对于用一个波包描述的一个粒子，我们最终还是受不确定性原理的约束。因为粒子最初局限在尺寸为 $d$ 的范围内，海森堡告诉我们，粒子的动量相应地不确定，不确定的范围等于 $h/d$。

只有一个方法可以建立一个时钟配置，让它代表以明确的动量传播的一个粒子，就是使波包的大小 $d$ 非常大。它的尺寸越大，动量的不确定性就越小。结论是明确的：一个已知动量的粒子要用一个大时钟群描述。[3]更精确地说，这意味着一个动量绝对明确的粒子要用一个无限长的时钟群描述，这意味着一个无限长的波包。

我们刚才讨论了，与一个有限大小波包相应的一个粒子没有一个明确的动量。这意味着，如果我们测量非常多的粒子的动量，所有的粒子都完全用相同的初始波包描述，那么我们每一次不会得到同样的答案。相反，我们会得到一个答案的范围，不管我们的实验物理多么高超，此范围不会

---

[3] 当然，如果 $d$ 是非常大的，那么有人会想我们怎么能够测量动量呢。通过确保无论 $d$ 有多大，$L$ 都比它大得多就可以解决这个问题。

小于 $h/d$。

因此我们可以说，一个波包描述了以一个范围的动量传播的粒子。但德布罗意方程意味着我们可以用“波长”这个词代替最后一句中的“动量”，因为一个粒子的动量是和一个一定波长的波联系在一起的。这又意味着一个波包必须是由许多不同的波长组成的。同样，如果一个粒子是由一个有确定波长的波描述的，那么这个波必然是无限长的。听起来就好像我们被迫得出这样的结论：一个小的波包是由许多不同波长的无限长的波构成的。我们确实是被推到这条路线上的，我们所描述的内容对数学家、物理学家和工程师来说是很熟悉的。这是一个称为傅里叶分析的数学领域，以法国数学物理学家约瑟夫·傅立叶（Joseph Fourier）命名。

傅立叶是一个丰富多彩的人。在他的许多令人瞩目的成就中，他曾是拿破仑治下的下埃及的总督和温室效应的发现者。他显然很喜欢把自己包裹在毛毯里，这导致他的英年意外早逝。1830 年的一天，他紧紧包裹在毛毯里，从他自己居所的楼梯上摔了下来。他的傅立叶分析的关键文章是讨论在固体中热传导的问题，并在 1807 年出版，尽管其基本思想可以追溯到更早。

傅立叶表明，任意复杂形状和复杂程度的波，可以用一些不同波长的正弦波叠加合成。这一点最好通过图片说明。在图 5.4 中的点线曲线（dotted curve）是由下图中的开头两个正弦波叠加在一起产生的。你几乎可以在你的头脑中做此叠加，这两个波都是在中心位置有最大高度，于是它们在这里叠加在一起，而在末端部它们往往相互抵消。虚线曲线（dashed curve）是由下图中所有 4 个波叠加在一起产生的，现在中心的峰变得更加明显。最后，实线曲线（solid curve）显示将开头 10 个波叠加在一起会发生什么，即这 4 个波再加上 6 个波长渐渐减小的波。在混合中叠加的波越多，在最后的波中能取得的细节越多。上图中的波包可以描述一个局限的粒子，而不是像图 5.3 中说明的波包。用这种方式真的可以合成任何形状的波，全都可以通过叠加简单的正弦波产生。

德布罗意方程告诉我们，在图 5.4 中下图的每一个波相应于一个具有确定动量的粒子，并且随着波长减小动量增加。我们开始明白为什么会是这样，即如果一个粒子由一个局限的时钟群描述，那么它必须由一系列的动量组成。

为了更明确起见，让我们假设一个粒子是由图 5.4 的上图中的实线所

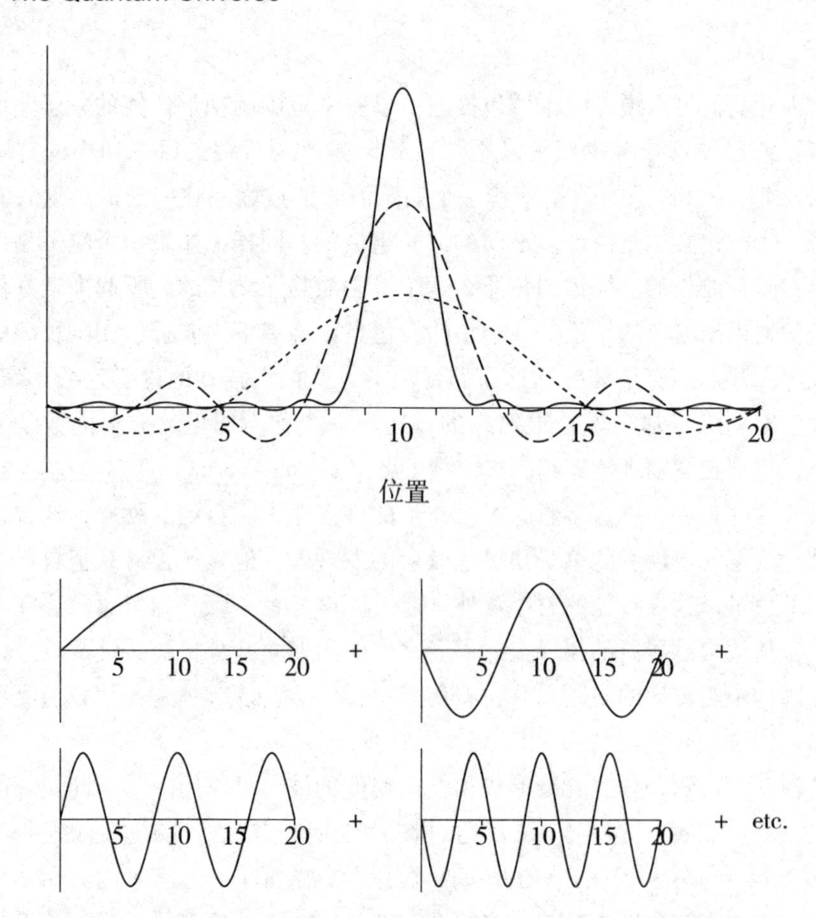


**图5.4　上图：叠加几个正弦波合成一个尖峰波包。点线比虚线包含的波少，实线包含的波更少。**
**下图：用来建立上图中的波包的最初4个波。**

代表的时钟群描述的。[4] 我们刚刚获悉这个粒子也可以用一系列的更长的时钟群描述：在下图中的第一个波加上第二个波，再加上第三个波，等等。用这种思维方式，每一点有几个时钟（每长串时钟群中的一个），我们应该把它们叠加在一起产生图 5.4 中上图代表的一个单一的时钟群。选择怎样考虑这个粒子完全“在你”。你可以认为它由每个点的一个时钟描述，在这种情况下，时钟的大小立即让你知道在哪里可能发现粒子，即在

〔4〕记得当我们画波的图像时，画出时钟的指针在 12 点方向的投影真的是一个方便的途径。

图5.4上图的峰值附近。另外，你也可以认为它是被每一个点的许多时钟描述的，每个时钟代表粒子的可能动量值。用这种方式我们提醒自己，位于一个小区域内的粒子并没有一个明确的动量。不可能用单一的波长建立一个紧凑的波包，是傅立叶数学的一个显著的特点。

这种思维方式为我们提供了一个理解海森堡的不确定性原理的新视角。它说我们无法用一个单一波长的波相对应的一个局限的时钟群描述一个粒子。相反，要想在时钟群的区域外让时钟抵消，我们必须混合不同的波长，因此混合不同的动量。所以，我们将粒子局限在空间某个区域的代价是承认我们不知道它的动量。此外，我们限制粒子越多，需要叠加的波越多，并且知道的动量就越少。这正是不确定性原理的内涵，我们非常满意地发现用不同的方法得到相同的结论。[5]

为结束这一章，我们要多花点时间在傅立叶上。有一个非常强大的描述量子理论的方法是与我们刚刚讨论的想法密切相关的。重要的一点是，任何量子粒子，无论它做什么，都可以用波函数描述。正如我们到目前为止所提出的，波函数只是一个小时钟群，每个时钟代表空间中的一个点，并且时钟的大小决定该粒子在这一点上被发现的概率。这种表示一个粒子的方式被称为“位置空间波函数”（position space wavefunction），因为它直接处理一个粒子可能有的位置。然而，在数学上有很多表示波函数的方法，空间中的小时钟这种方法只是其中之一。当我们说也可以用正弦波之和表示粒子时，正是这个意思。如果你花点时间思考一下，你应该认识到，指定完整的一组正弦波实际上提供了一个粒子的完整的描述（因为这些波叠加在一起，能获得与位置空间波函数相关的时钟）。换句话说，如果我们正确指定需要哪些正弦波建立一个波包，并且确切地需要每个正弦波叠加多少以得到正确的形状，那么我们就有了一个不同的但完全等价的波包的描述。美妙的事情是任何正弦波本身可以用一个单一的想象的时钟描述：时钟的大小代表波的最大高度，并且某一点波的相位可以用时钟的时间读数代表。这意味着我们可以选择不是用空间的时钟代表一个粒子，而是用替换的一个时钟阵列来表示，每个时钟代表粒子动量的每一个可能的值。这种描述就像“空间中的时钟”一样经济，并且不是要明确可能在

---

[5] 然而，这种得出不确定性原理的方法依赖德布罗意方程，以联系时钟的波长和它的动量。

哪里发现粒子，而是搞清楚粒子的动量可能有什么值。这个替换的时钟排列叫做“动量空间波函数”（momentum space wavefunction），它含有位置空间波函数完全相同的信息。[6]

这可能听起来很抽象，但你很可能在日常生活中就使用基于傅立叶的技术，因为将一个波分解成它的正弦波分量是音频、视频压缩技术的基础。想想构成你喜欢曲子中美妙音乐的声波。这个复杂的波，我们刚刚知道的，可以分解成一系列的数字，给出大量的每一个纯正弦波对声音的相对贡献。原来，虽然你可能需要一个非常多的单个的正弦波再现原始声波，但实际上你可以扔掉其中的很多，而根本不影响接受的声音的质量。特别是，人的耳朵听不到构成声波的那些正弦波。这大大减少了存储音频文件所需的数据量，因此你的 mp3 播放器不需要太大。

我们也可能会问，这个差别可能会有什么用？更加抽象的波函数是什么？好，考虑一个在位置空间用单个时钟代表的粒子。这描述位于宇宙某一位置空间的一个粒子；该时钟所在的单个的点。现在考虑一个由单一的时钟代表的粒子，但这次是在动量空间中。这代表一个单一的有明确动量的粒子。相反地，利用位置空间波函数描述这样一种粒子需要无限多个同样尺寸的时钟，因为根据不确定性原则，一个具有明确动量的粒子可以在任何地方发现它。因此，有时直接用动量空间波函数进行计算更简单。

在这一章中，我们已经学会用能够捕捉我们通常所说的“运动”（movement）的时钟群来描述一个粒子。我们已经知道，从量子理论的角度来看，对一个物体平滑地从一个点移动到另一点的感觉是一个虚幻。粒子从 A 点是通过所有可能的路径移动到 B 点的这个假定是接近真实的。只有当我们将所有的可能叠加在一起，运动才能像我们觉察的那样出现。我们也清楚地看到，如何用时钟描述了波的物理学，虽然我们处理的只是点状粒子。现在到了要真的利用这个与波的物理学的相似性来处理最重要的问题了：量子理论如何解释原子结构？

---

〔6〕在术语上，与有明确动量粒子对应的动量空间波函数被称为动量本征态，取自德国单词 *eigen*，意思是“特色”。

# 6. 原子的音乐

原子的内部是一个奇怪的地方。如果你站在质子上向外凝视原子内部空间，你只会看到空虚。电子即使与你离得很近，想要去触摸它们，仍然会是觉察不到的小，你几乎没有可能触摸到它们。质子直径大约是 $10^{-15}$ 米，即 0.000 000 000 000 001 米，相比电子来说是一个量子巨人。如果你所站的质子在英国的边缘，位于东南部多佛港口的白色悬崖上，原子的模糊边界就在法国北部的农场中间。原子是巨大的和空虚的，这意味着你的全身也是巨大的和空的。氢是最简单的原子，由一个质子和一个电子组成。就我们所知，电子微乎其微，它可以漫游的场地似乎是没有限制的，但这不是真的。它被限制在质子周围，被它们相互之间的电磁吸引困住，并且正是这个宏大囚笼的大小和形状引起光所特有的彩色条形码，被一丝不苟地记录在我们的老朋友和午餐客人凯瑟（Kayser）教授的《光谱手册》（*Handbuch der Spectroscopie*）上。

我们现在能够运用我们到目前为止积累的知识，解释在 20 世纪早期令卢瑟福、玻尔和其他人困惑的问题：在一个原子内部到底发生了什么？如果你还记得，卢瑟福发现原子有些像小的太阳系，中心是致密的原子核像太阳，而电子像行星在遥远的轨道绕太阳旋转。卢瑟福知道这个模型不可能是正确的，因为电子在轨道上围绕原子核旋转要不断地发出光。那么它必然失去能量，向内螺旋下降，不可避免地与质子碰撞。当然，这不会发生。原子趋向于稳定，那么这个模型错在哪儿呢?

这一章是本书一个重要的阶段，因为它是首次用我们的理论解释真实世界的现象。为了实现这一点，我们所有的艰苦工作关注在得出必要的数学形式的描述，使我们有办法思考一个量子粒子。海森堡的不确定性原理和德布罗意方程代表着我们的巅峰成就，但主要是我们不自大，思考一个只含一个粒子的宇宙。现在是展示量子理论对我们生存的日常世界的影响的时候了。原子结构是一个非常真实的和有形的东西。你是原子做的：原子的结构是你的结构，它的稳定性是你的稳定性。说理解原子的结构是作为一个整体了解我们的宇宙的必要条件一点也不夸张。

在氢原子中，电子被困在质子周围的一个区域。我们要开始想象电子被困在某种类型的盒子里，这样想不会离真实情况太远。具体地说，我们要研究一个被困在极小盒子里的电子的物理过程，在什么程度上能捕获一个真实的原子的突出特点。我们将继续利用我们在前一章所学的关于量子粒子的波动性质，因为，当它用来描述原子时，波的图片真的简化了事物，我们可以取得很大的进展而不必担心收缩、转动和叠加时钟。然而，要永远记住，这个波是一个对“在罩子之下”所发生事物的方便、简单的表示方法。

因为我们为量子粒子建立的框架与用于描述水波、声波或吉他弦的波极其相似，所以我们首先考虑这些更熟悉的物质波，当它们以某种方式被限制时的行为。

一般来说，波是复杂的事物。想象跳进装满水的游泳池。水会搅动所有的地方，试图用任何简单的方式去描述它似乎是徒劳的。然而，在此复杂性之下也隐藏着简单性。关键的一点是，游泳池里的水是封闭的，即所有的波被困在游泳池内。这引起了一个叫做“驻波”（standing waves）的现象。当我们跳进游泳池扰动池水时，驻波是隐藏在混乱中的，但有一种方法使水的移动呈规则振荡，重复驻波的模式。图 6.1 显示，当水面经受一次这样的振荡时，水表面看上去是怎样的。波峰和波谷交替上升和下降，但最重要的是它们上升和下降在完全相同的地方。还有其他的驻波，包括一种使水箱中间的水有节拍地上升和下降的驻波。我们通常看不到这些特殊波，因为它们是很难产生的，但关键的一点是，水的任何扰动，即便是我们笨拙地跳入水中并引起随后的扰动，都可以表示为不同的驻波的某种组合或其他形式的组合。我们前面已经看到过这种类型的行为；这是在前一章我们遇到的傅立叶想法的直接推广。在那里，我们看到任何波包可以由具有确定波长的波组合而成。

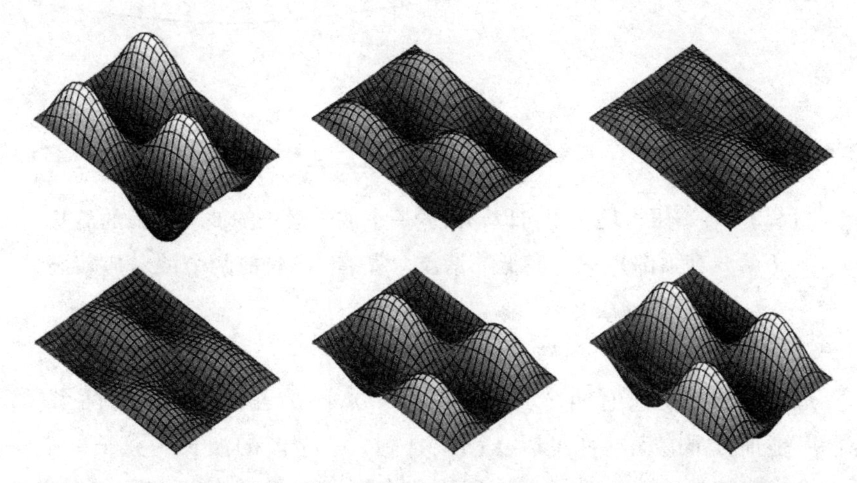

**图 6.1　水箱中驻波的连续 6 个快照。时间顺序从左上角到右下角。**

这些特殊的波，代表有确定动量的粒子状态的正弦波。在受局限的水波情况下，这个想法推广了，使得任何扰动可以总是由某种组合的驻波来描述。我们将在本章后面看到，驻波在量子理论中有一个重要的解释，而且事实上它们是了解原子结构的关键。有鉴于此，让我们更详细地探讨它们。

图 6.2 显示在自然界中的另一个驻波的例子：在一根吉他弦上的三个可能的驻波。拨动一根吉他弦，我们听到的声调通常以最长波长的驻波为主，在该图中展示了三个波中的第一个波。这是已知的在物理学和音乐中的“最低谐波”或“基音”。其他波长通常也存在，它们被称为泛波或更高的谐波。吉他是一个很好的例子，因为它十分简单地让我们明白，为什么一根吉他弦只能以这些特殊的波长振动。那是因为它在两端是固定的，一端在吉他的弦板上，另一端在手指压住的钢丝处。这意味着弦在这两点不能移动，这就决定了允许的波长。如果你弹吉他，你就会本能地知道这个物理现象；当你的手指向弦板上方移动时，弦的长度减小，因此迫使它

以越来越短的波长振动，相应的音调越高。

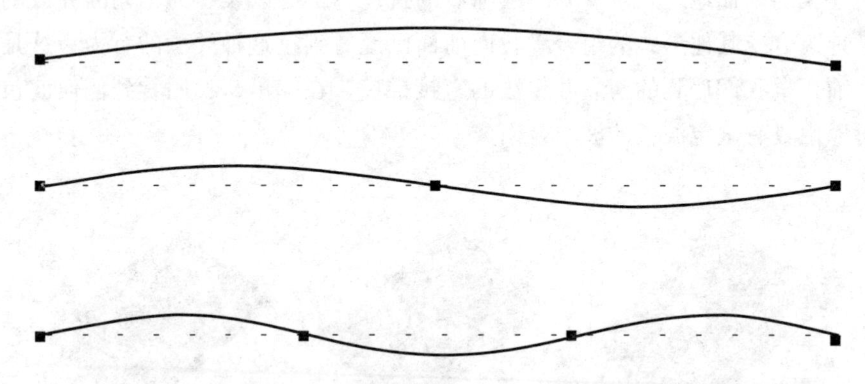

**图6.2 在一根吉他弦上可以形成的三个波长最长的波。最长的波长（在顶部）对应最低的谐波（基音），其他两个波对应较高的谐波（泛音）。**

最低的谐波是只有两个固定点或“节点”的驻波；除了这两个固定点，其他地方都能动。你可以从图中看到，这个波的波长为弦长的2倍。下一个最小波长等于弦的长度，因为我们可以把另一个节点固定在中心。再下一步，我们可以得到一个波的波长等于弦长的2/3，等等。

一般来说，正像水被限制在游泳池内的情况，弦的振动是不同的可能驻波的某种组合，取决于如何拨动它。弦的实际形状总能通过叠加与每个存在的谐波相应的驻波得到。谐波和它们的相对大小给出它的特殊声调的声音。不同的吉他会有不同分布的谐波，因此声音不同，但一个吉他的中间调C调（单纯谐波）与另一个吉他的中间调C调总是相同的。对于吉他来说，驻波的形状是很简单的：它们是纯正的正弦波，其波长由弦的长度确定。对于游泳池来说，驻波更复杂，如图6.1所示，但想法是完全相同的。

你可能会疑惑，为什么这些特殊的波被称为“驻波”。这是因为这些波不改变它们的形状。如果我们取一个以驻波振动的一根吉他弦的两个快照，那么两张图的差别仅仅是波的总体尺寸不同。波峰总是在同一个地方，节点也总是在同一个地方，因为它们是在弦端被固定的，或者在游泳池的情况下，是被游泳池的周边固定的。在数学上，我们可以说两张快照仅差一个总体的乘子（factor）。这一乘子随时间周期变化，表示该弦节奏性的变化。图 6.1 所示的游泳池也同样如此，每一个快照通过一个总体的乘子相互联系。例如，最后一个快照可以从第一个快照将每一点的波高乘以 –1 得到。

总之，被某种形式限制的波总能用驻波（波不改变形状）表示，正如我们说过的，花这么多时间来理解它是值得的。在列表的顶部说明的事实是，驻波是量子化的。对于吉他弦的驻波这是很清楚的：基波的波长为弦长的 2 倍，下一个允许的最长波的波长等于弦的长度。没有驻波的波长在此二者之间，所以我们可以说，一根吉他弦的允许波长是量子化的。

因此，驻波证明这样一个事实，当我们限制一个波时，就会得到某些量子化的东西。在一根吉他弦的情况下，它显然是波长。对于盒子中的一个电子，与电子对应的量子波也将被限制，通过类比，我们应该期待在盒子中只能存在驻波，因此，某些事物将被量子化。其他波根本不存在，就像一根吉他弦不管你怎样拨动它，都不能在一个八度音节中同时弹奏所有的音调。正如一把吉他的声音一样，电子的一般状态将被混合的驻波描述。这些量子驻波是非常有用的，受此鼓舞，让我们开始我们的正确分析。

为了取得进展，我们必须明确其中放有电子的盒子形状。为了简单起见，我们将假设电子在大小为 $L$ 的区域内是自由跃迁的，但它被完全禁止跑到这个区域之外。我们不需要说我们打算如何禁止电子漫游，但如果我们假定这个盒子是一个原子的简化模型，那么我们应该想象带正电荷的核所产生的力是造成电子被禁锢的原因。用行话来说，这被称为“矩形势阱”（square well potential）。我们在图 6.3 中描绘了这个情况，这样命名的原因是显而易见的。

将一个粒子限制在一个势能中的想法，是一个非常重要的、我们将再次使用的概念，因此确保我们完全理解它意味着什么是有用的。我们究竟该如何限制粒子？这是一个相当复杂的问题；要完全理解它，我们需要学习粒子如何与其他粒子相互作用，这是我们将在第 10 章做的事情。然而，只要我们不要问太多的问题，我们也可以取得进步。

“不去问太多问题”的能力是物理学中必须的一个技能，因为为了从根本上回答问题，我们必须在某个地方画一条界线；没有一个物体系统是完全孤立的。如果我们想了解微波炉怎样工作，我们不需要担心外面通行的车辆，这样处理应该是合理的。交通会对微波炉的运作有微小的影响，

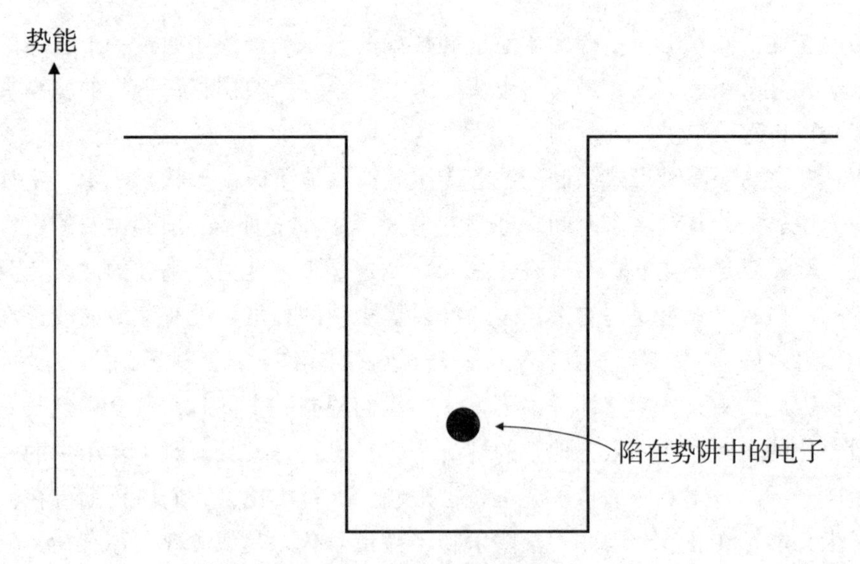


**图 6.3　一个陷在矩形势阱中的电子**。

它会引起空气的振动和地面的震动，也可能对电子烤箱内部的电子有磁场的影响，不管对它们屏蔽得多好。在忽略这些事情时我们可能犯错误，因为有可能错过某些关键的细节。如果是这样的话，我们只会得到错误的答案，不得不重新考虑我们的假设。要获得科学的完全成功这是非常重要的；所有的假设都最终被实验所证实或否定。大自然是仲裁者，而不是人类的直觉。我们的策略是忽略限制电子的机制和用某些所谓的潜能模拟它的细节。“势能”（potential）这个词，实际上只是意味着“由于某种物理学的原因对粒子产生的影响或其他的不便详细介绍的东西”。在后面，我们将尽力详细描述粒子怎样相互作用，但是现在我们用势能的语言去讨论它。如果这听起来有点抽象，让我们举一个例子说明在物理学中如何利用势能。

图 6.4 显示了一个被困在谷底的球。如果我们踢这个球，它可以滚上山顶，然后停止，再滚下来。这是一个被势能困住的粒子的很好的例子。在这种情况下，地球的引力场产生势能，陡峭的山谷产生陡峭的势能。应该清楚，我们可以计算在山谷中球怎样滚动的细节，而不需要知道谷床与球相互作用的精确细节；而要想知道这个细节，就必须知道量子电动力学的理论。结果证明，如果在球中的原子之间相互作用的细节和谷床上的原子对球的运动影响太大，那么我们做出的预测将是错误的。事实上，原子

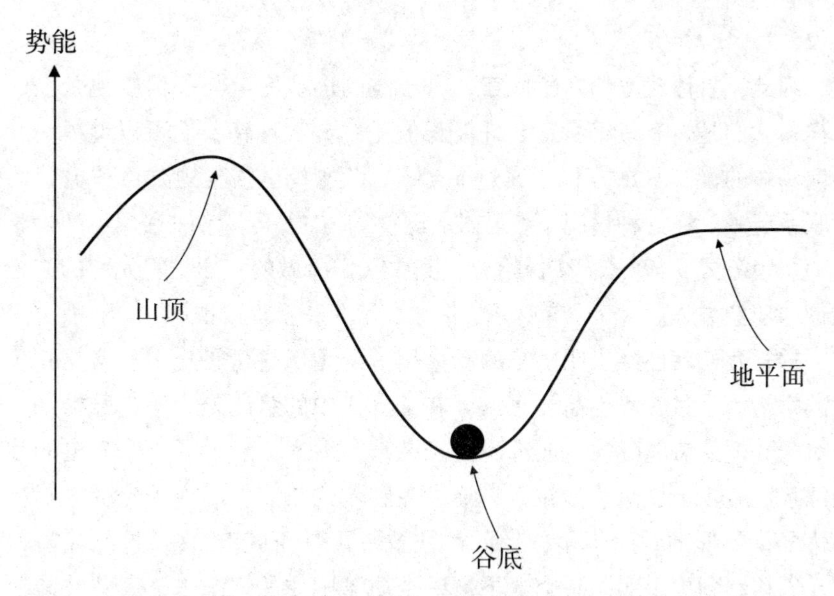


**图 6.4　一个球位于谷底。地面海拔高度与球滚动时具有的势能成正比。**

间的相互作用是重要的，因为它们产生摩擦，但我们不进入费曼图也可以模拟这一点。但就离开话题了。

这个例子是很实际的，因为我们可以清楚地看到势能的形状。[1] 然而，这个想法对于势能是更普遍的，对于不是由重力和山谷产生的势能也成立。一个例子是被困在一个矩形阱中的电子。与山谷中的球不同，墙的高度不是任何东西的实际高度，而是代表电子需要跑多快才能从阱中逃离出来。这就好比山谷中的球要滚得多快才能爬上山顶和离开山顶。如果电子移动足够缓慢，那么势能的实际高度就不是很重要，我们可以有把握地认为电子是局限于阱的内部。

现在让我们注视被困在由一个矩形势阱所描述的一个盒子里的电子。因为它不能逃离盒子，在盒子边缘的量子波必然降为零。三个有着最大波长的可能的量子波，完全类似于图 6.2 所示的吉他弦波：最长可能的波长是盒子尺寸的 2 倍，$2L$；第二个最长波长等于盒子的尺寸，$L$；第三个波长为 $2L/3$。一般来说，我们可以在盒子里配置波长为 $2L/n$ 的电子波，$n =$

---

[1] 事实上，重力势能完全由地形确定，因为在地球表面附近的重力势能与地面高度是成正比的。

1，2，3，4，等等。

因此，具体对方形盒子而言，电子波的形状完全与一根吉他弦上的波一样；它们是具有一组特定允许波长的正弦波。现在我们可以继续，并援引前一章的德布罗意方程，通过 $p=h/\lambda$ 将这些正弦波的波长和电子的动量联系起来。在这种情况下，驻波描述的一个电子只允许有一定动量，这一动量由公式 $p=nh/(2L)$ 给出，其中我们所做的一切是将允许的波长代入德布罗意方程。

这样我们就已经表明电子的动量用一个矩形阱量子化了。这是一个重大的举措。不过，我们需要小心。在图 6.3 中的势能是一个特殊情况，并且对于其他的势能驻波一般都不是正弦波。图 6.5 显示了一个鼓上的驻波的照片。鼓皮上撒满了沙粒，它集中在驻波的节点上。由于包围振动鼓皮的边界是圆形的，而不是方形的，驻波不再是正弦波。[2] 这意味着，只要我们移动到更现实的一个电子被一个质子困住的情况下，其驻波同样不是正弦波。这又意味着波长和动量之间的联系将会丧失。那么，我们怎样解释这些驻波呢？对于被困住的粒子，如果量子化的不是它的动量，又会是什么呢？

我们可以得到答案，只要注意在矩形势阱中，如果电子的动量是量子化的，那么能量也是量子化的。这是一个简单的观察和似乎不包含重要的新信息，因为能量和动量是彼此简单地互相联系的。具体来说，能量 $E=p^2/2m$，式中 $p$ 是被困电子的动量，$m$ 是它的质量。[3] 这种现象并不像它看上去那样没有什么规律，因为，对于不像矩形势阱那样简单的势能，每一个驻波总是相应具有一个确定能量的粒子。

因为 $E=p^2/2m$ 产生的能量与动量之间的重要差别，只有当势能是平直的，粒子能够存在的区域才是真实的，在这些区域容许粒子自由移动，如桌面上的弹子、矩形阱中的一个电子。更一般的，粒子的能量不等于 $E=p^2/2m$，而等于它的动能和势能之和。这打破了粒子的能量和它的动量之间的简单联系。

我们可以再次思考图 6.4 所示的山谷中的球来说明这一点。如果我们

---

[2] 它们实际上是用贝塞尔函数（Bessel functions）描述的。

[3] 这是利用能量等于 $1/2mv^2$ 和 $p=mv$ 得到的。这些方程确实被相对论修改了，但是对于氢原子内部的电子这个影响很小。

**图6.5　振动鼓皮上覆盖有沙粒。沙粒集中在驻波节点上。**

从惬意地待在谷底的球开始，那么什么也不会发生。[4] 要想让它向山谷的一侧上滚，必须踢它一下，等于说要给它增加一些能量。在我们踢球后的片刻，球的所有能量是动能的形式。当它向山的一侧爬时，球会减慢，在达到某一高度时停下来，然后向回滚，再向山的另一侧爬。在它上升停止的时刻，它没有动能了，动能神奇地消失了。这时，所有的动能转变成势能，等于 $mgh$，式中 $g$ 是地球表面的重力加速度，$h$ 是球离开谷底的高度。当球开始向回滚时，储藏的势能逐渐转回为动能，球的速度也随之增加。这样，球就从一侧滚向另一侧，总的能量保持不变，但在动能和势能之间周期转换。显然，球的动量是不断变化的，但它的能量保持常数（假定没有摩擦力使球减慢。如果有摩擦，在包括摩擦能量消耗后，总能量仍然是常数）。

我们现在要用不同的方法，考察驻波与有确定能量的粒子之间的联系，不利用矩形阱的特例，而是用我们的这些小量子时钟。

---

〔4〕这是一个大球，不必担心任何量子抖动。但是，如果这个念头闪过你的头脑，这是一个好的象征，说明你的直觉已经量子化了。

首先注意，如果一个电子用某一个时间瞬间的驻波描述，那么在过了一会儿之后，它也可以用同样的驻波描述。“同样”的意思是波的形状不变，和图6.1中水的驻波一样。当然，我们不是说波一点没变；水波的高度在改变，但重要的是波峰和节点的位置不变。这使我们能找出驻波的量子时钟描述必须是什么样的，对于基本的驻波情况在图6.6中说明。沿着波排列的时钟大小反映波峰和节点的位置，时钟的指针以同样的速率转动。我们希望你能够看出我们为什么画这个特定模式的时钟。节点必须总是节点，波峰必须总是波峰，它们必须停留在同样的地方。这意味着节点附近的时钟必须总是非常小，代表波峰的时钟必须总有最长的指针。因此，我们唯一有的自由是允许时钟位于我们放置的地方，并同步转动。

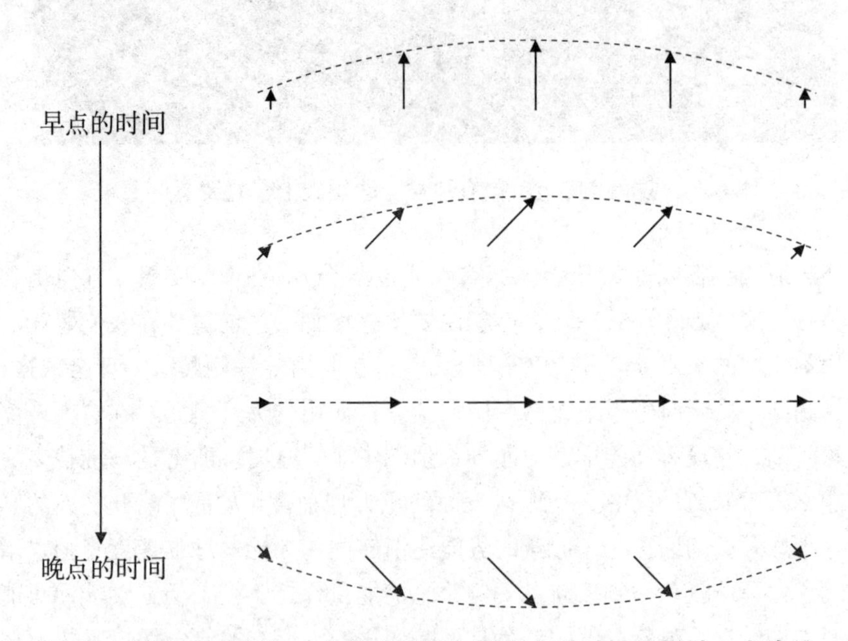


**图6.6　在稍后时间的4个驻波快照。箭头表示时钟的指针，虚线是在12点方向的投影。时钟全部协调转动。**

如果我们采取前几章所用的方法，现在就需要从图6.6中顶排的时钟配置开始，利用收缩和转动规则在稍后时间产生底部的3排时钟。这个时钟跃迁的练习对这本书来说是离题太远了，但这是可以做到的，需要有一个好的转动（twist），因为要想正确地完成它，有必要包括在粒子跃迁到目的地之前从“盒子壁反弹”的可能性。顺便说一句，因为时钟在中心更大，我们可以立刻得出这样的结论：由这个时钟阵列描述的一个电子在盒子中间比在边缘更容易被发现。

这样，我们发现被困的电子可以用一个时钟阵列，全都以相同的速度快速转动来描述。物理学家通常不这样说，音乐家也肯定不这样说；他们都说驻波是有确定频率的波。[5] 高频波相应的时钟比低频波相应的时钟转动更快。你可以明白这一点，因为如果时钟转动更快，从波峰到波谷，再从波谷到波峰（由时钟的指针转一圈代表）所需的时间减少。用水波的术语，高频驻波比低频驻波上下运动更快。用音乐的语言，中间调 C 调的频率为 262 赫兹，这意味着吉他的弦上下振动每秒 262 次。C 调上面的 A 调频率 440 赫兹，因此振动更快（这是全世界大多数管弦乐队和音乐器材约定的调谐标准）。然而，正如我们已经注意到的，仅对纯粹的正弦波而言，这些有确定频率的波也有确定的波长。一般来说，频率是描述驻波的最基本的量，而这句话可能是一个双关语。

那么，一个非常重要的问题是“一个电子有一个特定的频率是什么意思”？我们提醒你，这些电子态对我们是有用的，因为它们是量子化的，并且因为处于这种状态的电子总是保持这个状态（除非某物进入势能的区域，给电子一击）。

最后这句话是我们所需要建立“频率”意义的重要线索。在这一章的前面部分，我们遇到能量守恒定律，它是物理学中少数几个毋庸置疑的定律。能量守恒指出，如果一个电子在一个氢原子（或一个矩形阱）中有一个特定的能量，那么在“某些事情发生”之前，此能量是不会改变的。换句话说，一个电子不能没有原因地、自发地改变它的能量。这听起来好像没有什么意思，但将此与已知位于一点的一个受局限电子的情况对比。正如我们已经清楚地知道的，电子将在一瞬间跨越整个宇宙，孕育无限多个时钟。但驻波时钟的模式是不同的。它保持它的形状，所有的时钟都愉快地永远转动，除非有某些事物扰乱它们。因此，驻波的不变性质使它们成为描述有确定能量的一个电子的明确候选人。

一旦我们完成了把一个驻波的频率和一个粒子的能量相关联这一步，就可以利用吉他弦的知识推测，更高的频率一定相应于更高的能量。这是

---

[5] 事实上，音乐家可能也不这样说，击鼓手肯定不这样说，因为“频率”（frequency）是一个音节多于两个的单词。

因为，高频率意味着波长短（因为短弦振动快），并且从我们知道的矩形势阱的特殊例子，可以通过德布罗意方程预期一个短波长相应于一个高能量粒子。因此，真正重要的和我们随后需要记住的是，驻波描述有确定能量的粒子，并且能量越高时钟转动越快。

总之，我们推断了当一个电子被一个势能限制时，它的能量是量子化的。用物理学术语，我们说一个被困电子只能存在于一定的“能量水平”。最低能量的电子对应于仅用“基本”驻波描述的情况，[6] 并且这个能量水平通常叫做“基态”（ground states）。与较高频率驻波相对应的能量水平叫做“激发态”（excited states）。

让我们想象一个被困在矩形势阱中的具有特定能量的电子。我们说它“处在一个特殊的能量水平”，它的量子波与单个 $n$ 值相关（见第 79 ~ 80 页）。“处在一个特殊的能量水平”这句话反映了在没有任何外部影响下，这个电子什么也不做。更一般地，电子可以用很多驻波描述，就像吉他的声音是由很多谐波组成一样。这意味着，电子一般不会有一个独特的能量。

最重要的是，电子能量的测量必须始终得出一个等于与组合驻波之一相应的值。为了计算找出具有特定能量电子的概率，应该取与相应驻波总的波函数有特定贡献的相应时钟，将它们都平方，再全部加起来。得出的数值是电子处在这个特定能态的概率。所有这些概率（每个组成的驻波一个）之和必须加起来为 1，反映了总能找到有相应于特定驻波能量的粒子。

让我们弄清楚：一个电子可以同时有几个不同的能量，这就像说它同时有不同的位置一样奇怪。当然，到了本书的这一阶段，这样说不应该太震惊，但对我们的日常感觉来说是令人震惊的。注意，在一个被困住的量子粒子与一个游泳池或一根吉他弦上的驻波之间有一个关键性的区别。在一根吉他弦上波的例子中，它们是量子化的想法一点也不奇怪，因为描述振动弦的实际波是同时由很多不同的驻波合成的，并且这些波实际上对波的总能量有贡献。因为它们可以以任何方式混合在一起，所以振动弦的实际能量可取任何值。然而，对于困在原子内部的电子，每一个驻波的相对贡献描述了发现具有特定能量的电子的概率。关键的区别是因为水波是水分子的波，而电子波肯定不是电子的波。

---

〔6〕即在矩形势阱的情况下，$n = 1$。

这些讨论表明，一个原子内的电子的能量是量子化的。这意味着电子不可能具有一些允许值之间的能量。这就好比说，汽车可以每小时行驶10英里，或每小时40英里，但不能是之间的其他速度。这个奇怪的结论立即为我们提供了一个解释，为什么当电子向原子核螺旋下降时原子不连续辐射光。这是因为电子无法不断地一点一点地发出能量。相反，它发出能量的唯一方式是一次失去整个的能量。

我们也可以将我们刚才所学的东西与观测的原子特性相联系，特别是可以解释光发出的独特色彩。图6.7显示从最简单的原子氢所发出的可见光。这个光是由5种不同的颜色合成的，亮红色线相应波长为656纳米波长的光，浅蓝色线波长486纳米，3条其他的紫外线消失在光谱的紫外端。这一系列彩色线叫做巴耳末系列，以瑞士数学物理学家约翰·巴耳末（Johann Balmer）命名，他在1885年写下能描述它们的公式。巴耳末不知道他的公式为什么成立，因为量子理论还没有发现，他只是用简单的数学公式表达了该模式背后的规则。但我们可以做得更好，这都是因为在氢原子内允许的量子波的作用。

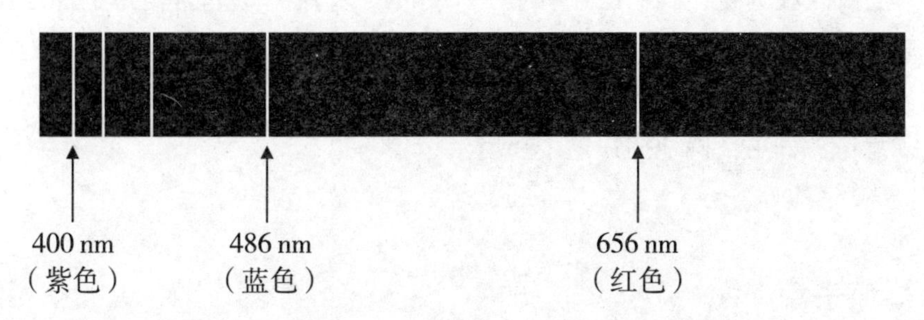


**图6.7　氢的巴耳末系列：这是氢气的光线通过分光镜时发生的。**

我们知道光可以看做是一个光子流，每个的能量 $E = hc/\lambda$，$\lambda$ 是光的波长。[7] 我们看到原子只发出一定颜色的光，因此意味着它们只发射具有非常特别能量的光子。我们还了解到，一个电子被“困在一个原子中”只能有某些非常特定的能量。现在我们向解释长期存在的从原子发出彩色光线的秘密迈了一小步：不同的颜色对应于电子从允许能级“下降”到另

〔7〕顺便说一句，如果你知道对于无质量粒子 $E = cp$，这是爱因斯坦狭义相对论的一个结果，那么利用德布罗意方程就立刻得出 $E = hc/\lambda$。

一个能级发出的光子。这意味着观察到的光子能量总是相应于一对允许电子能量之差。这种描述物理学的方法极好地说明了用电子的许可能量表示电子态的价值。反过来，如果选择电子动量的许可值，量子性质就不这样明显，就不容易得出原子只能发射和吸收特定波长辐射的结论。

一个原子的盒中粒子模型（particle-in-a-box model）不足以精确到可以计算真实原子中电子的能量，因此需要检查这个想法。但是如果能够更精确模拟困住电子的质子附近的势能，就能进行精确的计算了。这些计算将足以确认，毫无任何疑问，这确实是这些神秘谱线的来源。

你可能已经注意到，我们还没有解释为什么电子要通过发出光子损失能量。对于本章的目的，没有必要解释。但必须有“某种东西”诱导电子离开神圣的驻波，而“某种东西”是第10章要讨论的题目。现在我们只是说：“为了解释观察到的原子所发出的光的模式，需要假定光是在电子从一个能级下降到另一个较低能级时发出的。”容许的能级是由约束盒子的形状确定的，并且是随原子变化的，因为不同的原子给出的约束电子的环境不同。

直到现在为止，我们已经有了一个好的，利用一个非常简单的原子图片解释事物的方法，但还不足以防止电子在某些约束盒子中自由地到处移动。它们在一群质子和其他电子的附近到处移动，要真正理解原子，我们必须思考怎样更精确地描述这个环境。

## 宇宙量子 原子盒

有了势能概念，我们可以更精确地描述原子。让我们从所有原子中最简单的氢原子开始。氢原子是只由两个粒子构成的：一个电子和一个质子。质子大约比电子重2 000倍，因此可以假定它不做什么，只是待在那儿，产生困住电子的势能。

质子带一个正电荷，电子带一个相等的和相反的负电荷。顺便说一句，为什么质子的电荷和电子的电荷完全相等和相反是物理学中最大的秘密之一。也许有很好的理由，也许与尚未发现的亚原子粒子的某些潜在的理论有关，在我们写这本书时尚无人知晓。

我们确实知道的是，因为相反电荷的相互吸引，质子要把电子拉向它，就目前量子物理学而论，它可以把电子拉到离它任意小的距离。多小要取决于质子的精确性质；它是一个硬球或某种星云状的东西？这个问题无关紧要，因为我们已经看到，电子可以处在由最长波长的量子波确定的最低能量水平上，而这个最长波长的量子波可以容纳在质子所产生的势能中。图 6.8 画出了这个质子产生的势能。深“洞”的作用像前面遇到的矩形势阱，除了形状不是那样简单。这被称为“库仑势”（Coulomb potential），因为它是在 1783 年由查尔斯·奥古斯丁·德·库伦（Charles-Augustin de Coulomb），首先写下的描述两个电荷之间相互作用的定律描述的。然而问题是相同的：必须找出势能内部能够容纳的量子波，这样才能确定氢原子允许的能量等级。

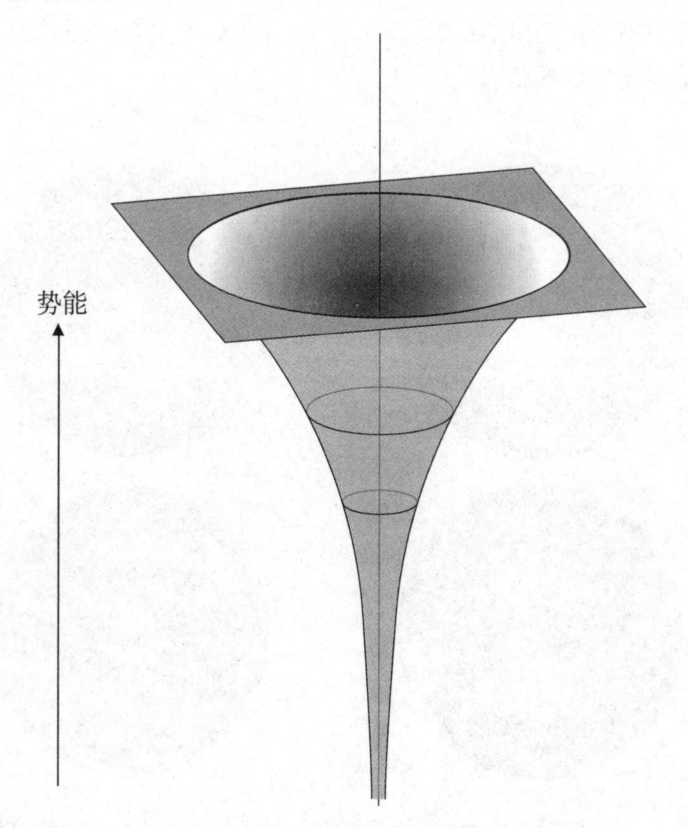


**图 6.8　一个质子周围的库仑势阱。这个质子位于阱的最深处。**

更直接一点，我们可以说，这种做法是“解库仑势阱的薛定谔波动方程”，这是实现时钟跃迁规则（clock-hopping rules）的一种方法。细节是技术性的，即便像氢原子这样简单的东西，但幸运的是我们并不真的要学习比我们已了解的更多的东西。出于这个原因，我们将直接跳到答案，图6.9显示对氢原子中的一个电子得出的驻波。图中显示的是在某处发现电子的概率。明亮区域是电子最可能出现的地方。当然，真正的氢原子是三维的，这些图片相当于通过原子中心的切片。图的左上方是基态波函数，它告诉我们，在这种情况下，通常发现电子在质子周围 $1\times10^{-10}$ 米的地方。驻波的能量从左上方到右下方增加。从左上方到右下方的尺度也改变了8个系数。事实上，覆盖左上方图大部分的明亮区域的尺寸近似与右边两张图中心的小亮点相同。这意味着，电子处在高能级时很可能离质子更远（因此质子对电子的约束更弱）。显然，这些波不是正弦波，这意味着它们相应于不具有特定动量的状态。但是，正如我们煞费苦心强调的，它们相应于具有特定能量的状态。

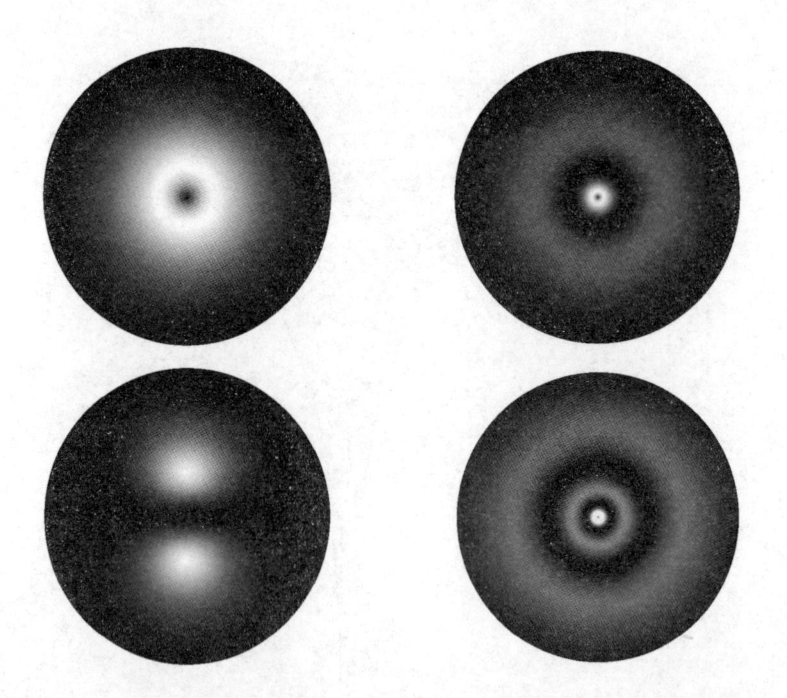

**图6.9　描述氢原子中电子的最低能量量子波中的4个波。明亮区是最可能发现电子的区域，质子在中心。上右和下左图相对于第一个图缩小了4倍，下右图相对于第一个图缩小了8倍。第一个图的直径大约为 $3\times10^{-10}$ m。**

驻波的独特形状是由势阱的形状决定的，有些特点值得更详细一点的讨论。一个质子周围势阱的最明显的特征是它是球对称的。这意味着，无论从哪个角度看它都是一样的。要描绘这一点，想象一个篮球，它上面没有标记：这是一个完美的球体，无论怎么转动它，看起来都是一样的。也许我们可以勇敢地想象氢原子内部的一个电子好像被困在一个极小的篮球中吗？这当然比说电子是被困在一个矩形阱里更合理，值得注意的是更具有相似性。图 6.10 的左边显示，在一个篮球中可以产生的最低能量的声音驻波中的两个。我们再次取通过球的切片，当压力增加时球内的空气压力从黑到白变化。图的右边是一个氢原子中两个可能的电子驻波。两张图是不一样的，但它们是非常相似的。因此，想象一个氢原子中的电子困在类似于极小篮球这样东西里的想法并不完全是愚蠢的。这张图实际用来说明量子粒子类似于波的行为，希望能揭开事物中的秘密：理解氢原子中的电子并不比理解篮球中空气的振动更复杂。

**图 6.10　一个篮球内两个最简单的声音驻波（左）与一个氢原子中相应的电子波（右）比较。它们很相近。右上端氢的图片是图 6.9 左下图中心区域的近距离的摄影。**

在离开氢原子之前，我们要再多说一点质子产生的势能和电子怎么能从较高能级跃迁到较低能级，并发出一个光子。我们通过十分合理地引进势能的想法，避免讨论质子和电子怎样彼此沟通的。这个简化使我们能够理解被困粒子的能量的量子化。但是，如果我们想严肃地理解到底是怎么回事，我们应当试图解释受困粒子的基本机制。当一个粒子在实际的盒子中运动的情况下，可以想象由原子构成的不可穿透的墙，并且，由于粒子与其中的原子相互作用被阻止穿过这个墙。对“不可穿过”的正确理解，来自对粒子怎样相互作用的理解。同样，我们说氢原子中的质子产生电子在其中运动的势能，并且说势能困住电子的方式类似于困在盒子中的粒子。这样就回避了更深层次的问题，因为显然电子与质子相互作用，正是这个相互作用规定了电子是怎样被俘获的。

在第10章我们将看到，我们需要为我们所阐述的量子规则补充某些新的、处理粒子相互作用的规则。目前，我们有很简单的规则：粒子到处跳动，带着想象的时钟按明确规定的量向回转动，转动的大小依赖于跃迁的大小。所有的跃迁都是允许的，因此粒子可以通过无限多个不同的路径从A点跳到B点。每一条路径都把它自己的量子时钟传递到B点，必须将所有的时钟叠加起来以确定最终的单一的时钟。这个时钟就会告诉我们在B点实际找到这个粒子的几率。我们用新的规则补充了跃迁规则：一个粒子可以发出或吸收另一个粒子。如果在相互作用前有一个粒子，那么之后可能有两个粒子；如果在相互作用前有两个粒子，那么之后可能有一个粒子。当然，如果要得出数学公式，就需要更精确地知道哪些粒子可以聚集在一起，哪些粒子可以分开，并且我们需要知道当粒子相互作用时，每个粒子所带的时钟发生了什么。这是第10章的话题，但是对于原子的意义是清楚的。如果有一个规则说，一个电子可以通过发出一个光子相互作用，那么就有可能一个氢原子中的电子能够吐出一个光子，失去能量和跳回到较低的能级。电子也可能吸收一个光子，获得能量并跳到较高的能级。

光谱线的存在表明发生了什么，并且这个过程通常是严重偏向一侧。特别是，电子可在任何时候吐出一个光子和失去能量，但获得能量和跃迁到更高能级只有一个光子（或其他能量来源）与其碰撞这一种途径。在氢气中，这样的光子通常很少，彼此离得很远，并且处于激发态的一个原子更倾向于发出一个光子，而不是吸收一个光子。净效应是氢原子倾向于去激活，这意味着发射胜过吸收，只要有足够的时间，原子就渐渐进入到

$n=1$ 的基态。情况并不总是如此，因为有可能通过有控制地供给能量不断激发原子。这就是已经普遍存在的激光技术的基础。激光的基本思想是向原子泵送能量，激发它们，收集电子能量下降时产生的光子。这些光子对于高精度读取一张 CD 或 DVD 表面的数据是非常有用的：量子力学以无限多的方式影响我们的生活。

在这一章里，我们已经成功地使用量子化能级的简单想法，解释了光谱线的来源。似乎我们已经有了能够成立的思考原子的方式。但是有点不对劲。我们错过了最后一个问题，没有它，我们就不能解释比氢原子重的原子的结构。更简单地说，我们也无法解释为什么我们不会掉到地板下面，并且我们最好的大自然理论也成了问题。我们所寻找的洞察力来自奥地利物理学家沃尔夫冈·泡利的工作。

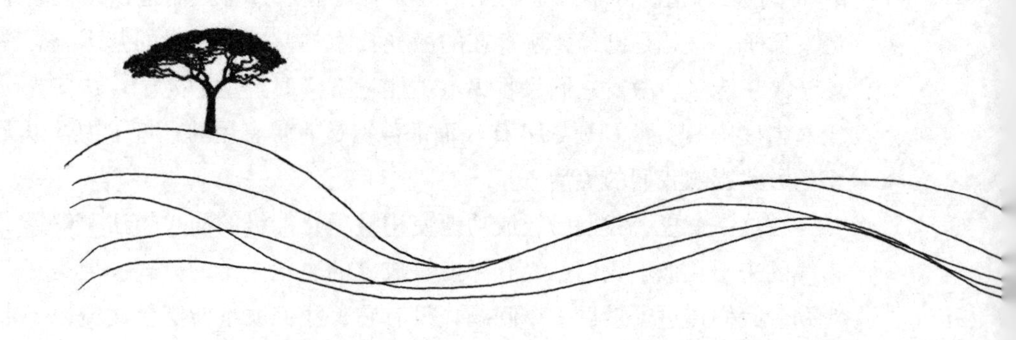

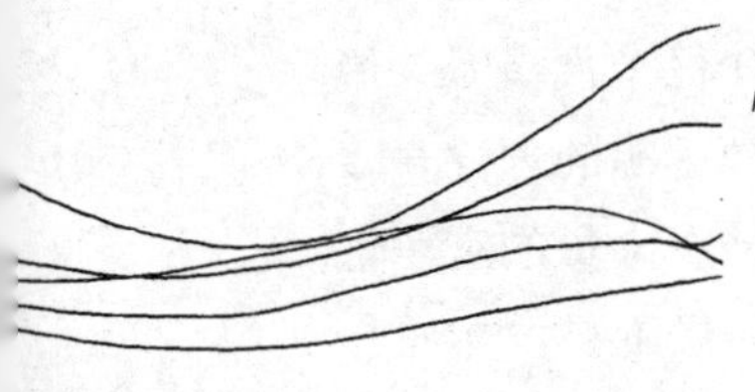

# 7. 一枚针头里的宇宙

## （我们为什么不从地板上掉下去）

我们为什么不会从地板上掉下去是一个谜。说地板是“实”的并不能解释这个问题，不仅因为卢瑟福发现原子的空间几乎完全是空的。令人更加费解的是，据我们现在所知，自然界的基本粒子根本没有大小。

处理“没有大小的”粒子听起来是有问题的，也许是不可能的。但是，我们在前面的章节里并没有说，要预先假定或要求粒子有任何物理尺度。真正的点状物体的概念不一定是错误的，即使公认它违背了普通的常识——如果读者在一本关于量子理论的书的这一阶段仍留存有任何普通常识的话。当然，完全有可能，一个未来的实验甚至大型强子对撞机将揭示电子和夸克都不是无限小的点，但现在的实验没有得出这个结果，并且在粒子物理学的基本方程中没有“尺寸”这个概念。这并不是说点粒子没有问题，一个有限的电荷压缩到一个无限小的体积的想法是有争议的，但迄今为止的理论回避了这个缺陷。也许基础物理学中尚未解决的问题，即量子引力理论的发展，在一定程度上会给出有益的建议，但现在还没有证据迫使物理学家放弃基本粒子的想法。要强调的是：点状粒子真的没有大小，寻问“如果把一个电子分成两半会发生什么？”是根本没有意义的，即

“半个电子”的想法是没有意义的。

处理根本没有大小的物质的基本成分是令人满意的事情，这样我们就不必担心整个可见宇宙曾经被压缩成一颗葡萄大小的体积，或甚至一枚大头针头。尽管这似乎是难以置信的——很难想象把一座山压缩成豌豆大小，更不用说一颗恒星、一个星系或可见宇宙中的3 500亿个大星系，绝对没有理由为什么不可能这样做。事实上，当今宇宙结构起源的理论直接处理它在极其稠密状态下的特性。这些理论有些古怪，但有大量的观测证据对它们有利。在最后一章，我们将遇到稠密的物体，如果不是“宇宙压缩成一枚大头针头”这种尺度，也会是“大山压缩成一粒豌豆”的尺度：白矮星具有恒星的质量，却被压缩成地球大小的尺寸；中子星有类似的质量，则凝聚成完美的城市大小尺寸的球体。这些物体不是科幻；天文学家已经观察它们，并对它们做了高精度的测量，量子理论将使我们能够计算它们的性能并与观测数据比较。作为了解白矮人和中子星的第一步，我们需要讨论这一章开始时令人乏味的问题：如果地板的大部分空间都是空的，我们为什么不会掉下去呢？

这个问题有着悠久的和古老的历史，很奇怪一直到近年来都没有得出答案，那是在1967年，弗里曼·戴森（Freeman Dyson）和安得烈·莱纳德（Andrew Lenard）发表了一篇文章。他们着手研究这个问题，是因为一位同事答应奖励一瓶葡萄香槟酒给能够证明物质不会完全自行崩溃的人。戴森认为这个证明是非常复杂、困难和难理解的，但他们证明，如果电子服从所谓的泡利不相容原理，物质只能是稳定的，泡利不相容原理是量子宇宙最吸引人的一个方面。

我们从某些数字占卦术（或数字命理学，numerology）开始。在上一章，我们看到最简单的原子——氢，它的结构可以通过搜索在质子势阱内允许的量子波来理解。这使我们至少是能够定性地理解，从氢原子发射的独特的光谱。如果我们有时间，就可以计算出一个氢原子内的能量水平。每一个物理学本科学生在他们学习的某个阶段都进行这种计算，得出的结果很好，与实验数据吻合。就上一章而言，“盒中粒子”简化得足够好，因为它包含了所有我们要强调的关键点。然而，我们需要进行更加完整的计算，因为真正的氢原子是三维的。对于盒子中粒子的例子，我们只考虑了一维，得到的能级标上单一的称为 $n$ 的数字。最低的能级标以 $n=1$，下一个 $n=2$，等等。在计算扩展到全三维情况下，毫无悬念地得出的结果说明每个许可的能级需要三个数描述。这三个数传统上标记为 $n$，$l$ 和 $m$，它们被称为量子数（在这一章，$m$ 不要和粒子的质量弄混了）。

量子数 $n$ 对应于盒子中一个粒子的数值 n。它取整数值（$n=1$，2，3，等），并且当 $n$ 增加时粒子的能量趋于增加。$l$ 和 $m$ 的可能值与 $n$ 有关；$l$ 必须小于 $n$，它可以是零，例如，如果 $n=3$，那么 $l$ 可以是 0、1 或 2。$m$ 可以取 $-l$ 和 $+l$ 之间的任何整数值。因此如果 $l=2$，则 $m$ 可以取 $-2$，$-1$,0，1 或 2。我们不去解释这些值是从哪儿来的，因为它一点也不会增加我们的理解。对于图 6.9 中的 4 个波，只要说（$n$，$l$）分别等于（1，0），（2，0），（2，1），（3，0）就足够了（全都有 $m$ 等于 0）。[1]

正如我们已经说过，量子数 $n$ 是主量子数，控制电子的允许能量值。允许的能量对 $l$ 值也有小的依赖性，但只能在非常精密的发射光的测量中才能显示出来。玻尔第一次计算氢谱线的能量时没有考虑它，他原来的公式完全用 $n$ 来表示。电子的能量和 $m$ 绝对没有关系，除非我们把氢原子放在磁场中（事实上 $m$ 被称为"磁量子数"），但这并不意味着它是不重要的。要知道为什么，让我们继续我们的推理。

如果 $n=1$，那么有多少组不同的能量水平呢？应用我们上面说的公式，如果 $n=1$，$l$ 和 $m$ 两个都必须为 0，于是只有一个能级。

现在如果 $n=2$，$l$ 可以取两个值，0 和 1。如果 $l=1$，那么 $m$ 可以等于 $-1$，0 或 $+1$，这样就多了 3 个能级，总共 4 个能级。

如果 $n=3$，$l$ 可以分别取 0，1 或 2。$m$ 可以等于 $-2$，$-1$，0，$+1$ 或 $+2$，就多了 5 个能级。因此，对于 $n=3$，共有 $1+3+5=9$ 个能级，等等。

请记住对应 $n$ 前三个值的这些数：1，4 和 9。现在看图 7.1，它显示化学元素周期表中的前四行，数数每一行有多少种元素。这个数除以 2，你会得到 1，4，4 和 9。所有这些的意义将会很快揭示。

多亏了俄国化学家德米特里·门捷列夫（Dmitri Mendeleev），创建了一个把化学元素分门别类的好方法，他在 1869 年 3 月 6 日将它提交给俄国化学学会，过了若干年后，才有人得出如何计算一个氢原子中的容许能

[1] 技术上，正如在前面的章节中提到的，因为围绕质子的势阱是球对称的而不是正方形的盒子，薛定谔方程的解必须与球形谐波成正比。相关联的角度依赖性引起了 $l$ 和 $m$ 的量子数。解的径向依赖性引起主量子数 $n$。

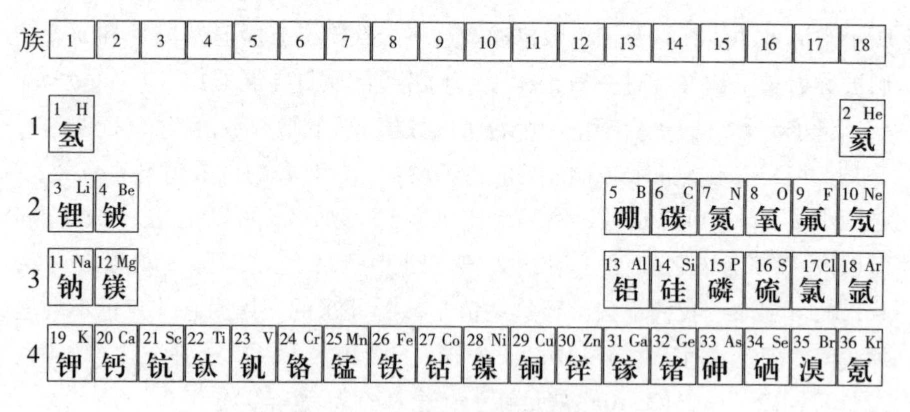


**图 7.1　元素周期表的前四行。**

级。门捷列夫以原子重量顺序排列元素，而用现代语言相当于原子核内质子和中子的数目，尽管他当时并不知道这些。元素的顺序实际上相当于核内质子数（中子数目是无关的），但对轻元素这是没有区别的，这就是为什么门捷列夫排对了。他选择按照排和列安排元素，因为他注意到某些元素有非常相似的性质，尽管它们有不同的原子重量；竖列将这些元素编成组，例如表最右边的一列，氦、氖、氩、氪都是惰性气体。门捷列夫不只是得到正确的模式，他还预言存在新的元素填补这个表的空白：元素 31 和 32（镓和锗）在 1875 年和 1886 年被发现。这些发现证实，门捷列夫发现了一些深刻的关于原子结构的构成，但没有人知道是什么。

令人吃惊的是，第一排有 2 种元素，第二排和第三排有 8 种元素，第四排有 18 种元素，并且这些数正好是氢原子允许能级的 2 倍。这是为什么呢？

正如我们已经提到的，元素周期表中的元素在一排中从左到右是按原子核中质子数的顺序排列的，与它们包含的电子数量相同。记住，所有的原子是电中性的——质子的正电荷正好被电子的负电荷平衡。显然有一些有趣的事情在发生，将元素的化学性质和电子绕原子核旋转能有的许可的能级联系起来。

我们可以想象通过添加质子、中子和电子，一次一个，从轻的元素构建重的元素，记住当我们在原子核中添加一个额外的质子时，我们要添加一个额外的电子到一个能级中。通过推理就可以产生在周期表中看到的模式，只要我们断言，每个能级可以包含且只能包含 2 个电子。让我们看看这是如何工作的。

氢只有一个电子，因此处于 $n=1$ 级。氦有 2 个电子，都应纳入 $n=1$ 级。现在，$n=1$ 级全满了。要生成锂，我们必须添加第三个电子，但它必须进入 $n=2$ 能级。接下来的 7 个电子，相应后 7 个元素（铍，硼，碳，氮，氧，氟和氖），也可以位于 $n=2$ 的一个能级，因为有 4 个空位可用，相应 $l=0$ 和 $l=1$，$m=-1$，0 和 +1。这样，我们就可以解释所有的元素，一直到氖。对于氖，$n=2$ 的能级全满了，从钠开始，我们必须进入 $n=3$。接下来的 8 个电子，一个接一个，开始填补 $n=3$ 的能级；第一个电子进入 $l=0$，然后进入 $l=1$。这就解释了第三排的所有元素，一直到氩。周期表的第四排也可以解释，如果我们假定它包含了所有剩余的 $n=3$ 的电子（即 $l=2$ 的 10 个电子）和 $n=4$ 的电子，而 $l=0$ 和 $l=1$ 的电子（共 8 个电子），这就得到神奇的总共 18 个电子。在图 7.2 中，我们绘制了这些电子是如何填补我们周期表中最重的元素氪的能级的（它有 36 个电子）。

为了将所有我们所讲述的提升为科学而不是推理，我们要做一些解释。首先，我们需要解释为什么同一竖列的元素的化学性质相似。在我们的方案中明确的是，在前三排中每一排的第一个元素开始了以 $n$ 值增加的顺序填充能级的过程。具体地，氢有单个电子，有 $n=1$ 能级，第二排开始的锂有一个电子在 $n=2$ 能级，第三排开始的钠有单个电子在 $n=3$ 能级。第三排是有点奇怪，因为 $n=3$ 能级可以容纳 18 个，但在第三排没有 18 种元素。我们可以猜到发生了什么，前 8 个电子填补了 $n=3$ 能级，而 $l=0$ 和 $l=1$，然后（由于某些原因）我们应该切换到第四排。现在第四排包含剩下的从 $n=3$，$l=2$ 的 10 个电子和从 $n=4$，$l=0$ 和 $l=1$ 的 8 个电子。这些横排与 $n$ 值不完全相关这个事实表明，在化学和能级计算之间的联系不是像我们已经做的那样简单。然而，现在已经知道钾和钙，在第四排的前两个元素，在 $n=4$，$l=0$ 能级确有电子，后 10 种元素（从钪到锌）在 $n=3, l=2$ 能级有电子。

我们稍后一会儿再理解为什么填补 $n=3$，$l=2$ 能级，再解释为什么 $n=4, l=0$ 能级中含有钾和钙的电子比 $n=3$，$l=2$ 能级的能量要低。请记住，一个原子的“基态”由电子的最低能量配置描述的，因为，任何激发状态总是可以通过排放一个光子降低它的能量。所以，当我们说“这个原子包含处于这些能量水平的电子时”，我们说的是电子的最低能量配置。当然，我们并没有作出任何尝试实际计算出能量水平，所以，我们并不能

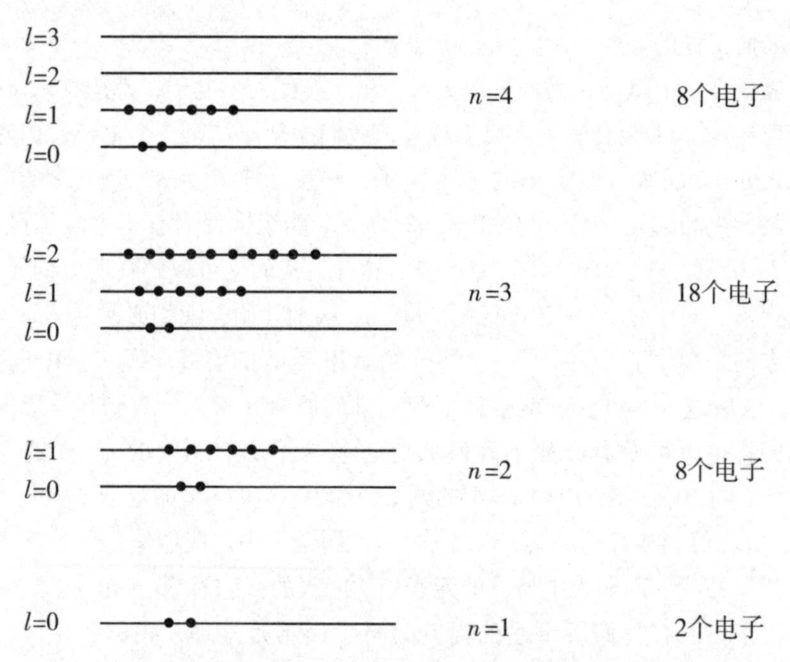


**图7.2　填充氪的能级。黑点表示电子，水平线代表标有量子数 $n$，$l$，$m$ 的能级。我们把有着不同 $m$ 值，但 $n$ 和 $l$ 数值相同的能级分在一起。**

够真的按能量顺序排列它们。事实上，计算一个有着多于两个电子的原子的许可电子能量是一件非常困难的事情，甚至两个电子的情况（氦）也是不容易的。按照 $n$ 增加的顺序排列能级的简单想法来自于对氢原子进行计算更容易，其中 $n=1$ 能级具有最低能量是确实的，之后是 $n=2$ 能级，然后 $n=3$ 能级，等等。

我们刚才说的明显含义是，在元素周期表中最右边的元素对应的原子，其原子能级已经完全填满了。特别是，氦 $n=1$ 能级满了，而氖 $n=2$ 能级满了，氩 $n=3$ 能级完全填满了，至少是 $l=0$ 和 $l=1$。我们可以将这些想法发展得更远一点，并了解化学中的一些重要的思想。幸运的是，我们不是在写一本化学教材，所以我们可以简短些，并且不冒在一个单一的段落中撇开整个课题的危险，让我们继续。

关键的看法是，原子能够通过共享电子黏在一起。在下一章，当我们探讨一对氢原子如何可以结合成氢分子时会遇到这个想法。一般的规则是，元素“喜欢”让它们所有的能级整齐地填满。在氦、氖、氩和氪的情况下，各能级已经完全填满了，因此它们“自享其乐”，不“忧虑”与任何东西起化学反应。至于其他元素，它们可以“尝试”与其他元素共享电子来填满它们的能级。例如，氢需要一个额外的电子填充其 $n=1$ 的能级。它可以通过和另一个氢原子共享一个电子来实现它。在这样做时，它形成了一个氢分子，化学符号为 $H_2$。这是氢气气体存在的常见形式。碳在它的 $n=2$，$l=0$ 和 $l=1$ 的能级中可能的 8 个电子中实际有 4 个电子。如果可能的话“喜欢”有另外 4 个电子填补它们。通过和 4 个氢原子结合在一起形成叫做甲烷（$CH_4$）的气体来实现填补。也可以结合两个氧原子来实现它，氧原子本身需要 2 个电子填满它的 $n=2$ 的能级。这就得出 $CO_2$，即二氧化碳。氧还可以通过结合两个氢原子填满它的能级形成 $H_2O$，即水。等等。这是化学的基础：原子愿意积极地用电子填满它的能级，即使是通过和邻居共享电子来实现。它们“想要”这样做，最终的原理是事物倾向于它们的最低能量状态，它驱动着从水到 DNA（脱氧核糖核酸）的万物形成。在一个富有氢、氧和碳的世界里，我们现在明白了为什么二氧化碳、水和甲烷会如此常见。

这是非常令人鼓舞的，但我们还有最后一个问题需要解释：为什么只有两个电子可以占用每个可用的能级？这是由泡利的不相容原理（Exclusion Principle）解释的，如果我们所谈论的一切要拼接在一起，这显然是必要的。没有它，电子会在每个核的周围、在最低的可能的能级中挤在一起，这就不会有化学，比听起来更糟糕的是，因为没有分子，因此在宇宙中没有生命。

认为只有两个电子，并且只有两个电子可以占据每一个能级的想法，似乎是很专断的，当这个想法提出之后，历史上没有人想过为什么会是这样。最初的突破是埃德蒙·斯托纳（Edmund Stoner）做的，他是专业板球运动员的儿子（对于读过《威斯登板球运动员年鉴》的人，知道在 1907 年与南非的对抗中他击球 8 轮），他还是后来主管英国利兹大学物理系的卢瑟福以前的一个学生。在 1924 年 10 月，斯托纳提出在每一个（$n$，$l$，$m$）能级应该允许有两个电子。泡利发展了斯托纳的建议，并在 1925 年发表了一个规则，一年后狄拉克以泡利的名字命名它。由泡利首次提出的不相容原理说：在一个原子中，没有两个电子能够共享同样的量子数。他面临的问题是，似乎两个电子可以共享每一组 $n$，$l$，$m$ 值。泡利通过引入一个新的量子数绕过了这个问题。这是一个拟设值；他不知道它代表什么，但它必须取仅有两个值中的一个。泡利写道：“我们不能为这一规则提供一个更精确的原因。”进一步的研究是在 1925 年，由乔治·乌伦贝克（George Uhlenbeck）和塞缪尔·古德斯米特（Samuel Goudsmit）写的一篇文章中给出的。出于精确测量原子光谱的需要，他们用一个真实的，叫做“自旋”电子的物理性能确定了泡利的额外量子数。

自旋的基本思想是相当简单的，并可以追溯到1903 年量子理论出现之前很久。仅在其发现短短几年后，德国物理学家马克斯·亚伯拉罕（Max Abraham）提出：电子是一个微小的、旋转的、带电的球。如果这是真的，那么电子就会受磁场的影响，取决于磁场相对于其旋转轴的方向。在亚伯拉罕去世后 3 年，在 1925 年乌伦贝克和古德斯米特发表的文章中指出：旋转球模型无法工作，因为为了解释观测到的数据，电子旋转的速度不得不比光速快。但这个想法的精神是正确的，电子确实具有自旋的性质，正确地说电子拥有一个称之为自旋的性质，并且磁场确实影响它的行为。然而，它真正的起源是爱因斯坦狭义相对论的一个直接和微妙的结果。在 1928 年，当保罗·狄拉克写下一个描述电子的量子行为的方程时，只有爱因斯坦给出了正确的评价。对于我们的目的来说，我们只需要承认电子只有两种类型，称之为“上旋”和“下旋”，并且区分它们的特征是两者有相反的角动量值，即它们像是在相反的方向旋转。遗憾的是，亚伯拉罕仅仅在电子旋转的真正性质被发现之前几年就去世了，因为他从未放弃电子是一个小球体的信念。在 1923 年他的讣告中，马克斯·玻恩（Max Born）和马克斯·冯·劳厄（Max Von Laue）写道：“他是一个可敬的对手，以诚实的武器战斗，不靠悲哀和毫无根据的争论掩盖失败……他爱他的绝对以太，他的场方程，他的刚性电子，就像一个年轻人爱他的初恋情人，后来的经历也无法熄灭他的记忆。”如果你所有的对手都像亚伯拉罕就好了。

本章剩余部分的目标是，解释为什么电子的奇怪表现可以用不相容原理阐明。一如以往，我们应当充分利用量子时钟。

我们可以通过考虑当两个电子彼此“弹开”会发生什么来研究这个问题。图 7. 3 显示了一个特殊情况，有两个电子，标为“1”和“2”，从某处出发，到某个别的地方结束。我们标记最后的位置为 A 和 B 点。阴影斑点是提醒我们还不知道当两个电子彼此相互作用时会发生什么（细节和讨论的目的无关）。我们需要想象的是，电子 1 从开始的地方跃迁到标记为 A 结束的地点。同样，电子 2 在标记为 B 的地方结束。这是在该图的两张图片顶部所说明的。事实上，到目前为止我们的论证成立，即便我们忽略了电子可能相互作用这种可能性。在这种情况下，电子 1 跳到 A 点是电子 2 觉察不到的，并且在 A 点发现电子 1 的概率和在 B 点发现电子 2 的概率将只是两个独立概率的乘积。

例如，假设电子 1 跳跃到 A 点的概率是 45%，和电子 2 跳跃到 B 点的概率是 20%。在 A 点发现电子 1 和在 B 点发现电子 2 的概率为 $0.45 \times 0.2 = 0.09 = 9\%$。我们在这里用的是抛硬币和掷骰子一样的逻辑：同时扔一个硬币得到“反面”和掷一个骰子得到“6”的概率是 1/2 乘以 1/6，等于 1/12（即刚刚超过 8%）。[2]

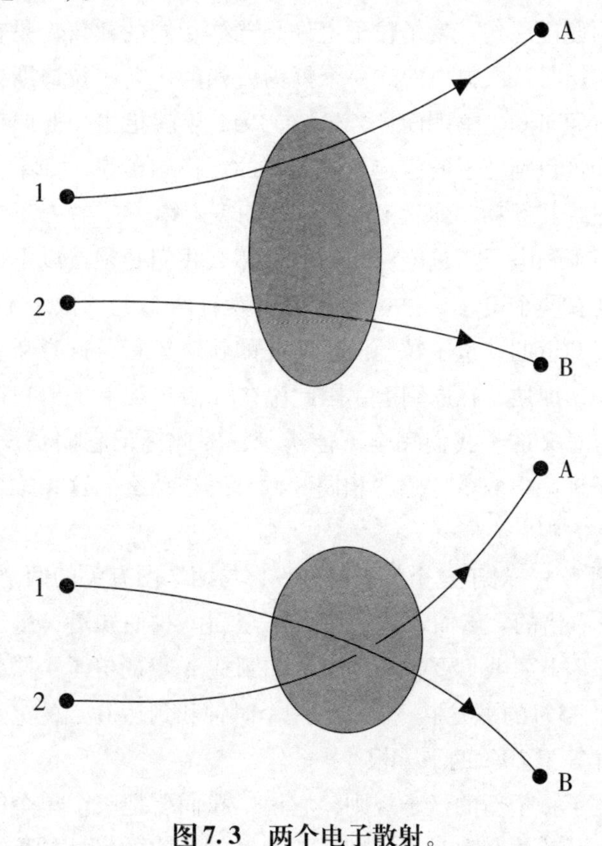


**图 7.3　两个电子散射。**

〔2〕我们将在第 10 章学习考虑两个电子彼此相互作用的概率，意味着需要立即计算“同时”在 A 点发现电子 1 和在 B 点发现电子 2 的概率，因为它并不化简为两个独立的概率的乘积。但就本章所涉及的，这只是一个细节。

如图7.3所示，还有第二条途径让两个电子可以终止在A点和B点。当电子2终止在A点，电子1有可能跳到B点。假定在B点发现电子1的概率是5%，在A点发现电子2的概率是20%。那么在B点发现电子1和在A点发现电子2的概率是0.05×0.2=0.01=1%。

因此，我们有两种方法让两个电子到达A和B点，一个概率为9%，另一个概率为1%。得到一个电子在A点和一个电子在B点的概率，如果我们不在乎是哪个电子，应该是9%+1%=10%。简单，但是错了。

错误在于假设有可能说哪个电子到了A点，哪个电子到了B点。如果两个电子在各个方面都是相同的呢？这可能听起来像一个不相干的问题，但它不是。顺便说一句，量子粒子也许是严格相同的建议，是在联系普朗克黑体辐射定律时首次提出的。一个鲜为人知的、名叫拉迪斯拉斯·纳坦松（Ladislas Natanson）的物理学家早在1911年就指出，普朗克定律与光子可以处理为可识别粒子的假定是不兼容的。换句话说，如果你可以标记一个光子和跟踪其运动，你就不会得到普朗克定律。

如果电子1和电子2是绝对相同的，那么我们必须按以下方式描述散射过程：最初有两个电子，过一会儿后仍然有两个电子位于不同的地方。正如我们已经知道的，量子粒子沿不明确的轨迹旅行，这意味着真的没有办法跟踪它们，即便是在原则上。因此说在A点出现电子1和在B点出现电子2是没有意义的。我们完全不能辨别，因此标记它们是没有意义的。这就是在量子理论中两个粒子“相同”的意思是什么。这条推理的路线会把我们引向何方呢？

再看看图7.3。对于这个特别的过程，与两个图有关的两个概率（9%和1%）是没有错的。然而，它们考虑不全面。我们知道，量子粒子是用时钟描述的，因此，我们要把一个时钟和到达A点的电子1联系起来，时钟的尺寸等于45%的平方根。同样有一个时钟和到达B点的电子2联系起来，它的尺寸等于20%的平方根。

现在出现了一个新的量子规则，它说，我们要把一个单个的时钟和这个过程作为一个整体联系起来，即有一个时钟，它的尺寸的平方等于在A点发现电子1和在B点发现电子2的概率。换句话说，有一个单个的时钟和图7.3中的上图关联。可以看出，这个时钟的尺寸必须等于9%的平方根，因为这是这个过程发生的概率。但是时间的读数是多少呢？回答这个问题是第10章的内容，涉及时钟的倍增思想（the idea of clock multiplication)。就本章所讨论的，我们不需要知道时间，仅需要知道刚才说的新的重要规则。但它值得重复，因为在量子理论中它是一个非常普遍的陈述：我们应该将一个单个的时钟和在整个过程中每一种可能发生的途径相关联。我们将一个时钟与在单个位置发现单个粒子相关联，是这个规则最重要的一点，我们要尽力在这本书中讲清楚。但它是一个特例，一旦我们思考多于一个粒子时，就需要扩展这个规则。

这意味着有一个大小等于 0.3 的时钟与图 7.3 中的上图关联。同样，有第二个大小等于 0.1 的时钟（因为 0.1 的平方是 0.01 = 1%）与该图中的下图关联。因此我们有两个时钟，并需要一种方式利用它们确定在 A 点找到一个电子和在 B 点找到另一个电子的概率。如果两个电子是可以区分的，那么答案会是简单的，只需要将与每个可能性相关的概率（不是时钟）叠加在一起即可。然后我们就可以得到答案为 10%。

但如果是绝对没有办法辨别实际发生的是哪个图，也就是电子彼此不能区分的情况，那么就要遵循单个粒子从一个地方跃迁到另一个地方所建立的逻辑，我们应当寻求将时钟结合起来。我们所追求的是这个规则的一般化，它说，对于一个粒子，我们应该将与粒子到达特定点的所有不同途径相关的时钟叠加在一起，以确定在这个点发现这个粒子的概率。对于一个系统有许多相同的粒子的情况，我们应该将这些粒子可能到达一组位置的、所有的不同路径相关的时钟结合在一起，以确定在这些位置发现这些粒子的概率。这是非常重要的，值得读几次，应该清楚的是，结合时钟的新规则是一个单一粒子所用规则的直接推广。然而，你可能注意到我们的用词是非常小心的。我们没有说时钟必须叠加在一起，我们说的是它们应该结合在一起。我们的小心是有理由的。

明显要做的事情是要把时钟叠加在一起。但在这样做之前，我们应该问一问为什么这样做是正确的是否有一个好的理由。这是一个很好的例子，在物理学上不要想当然，考察我们的假定往往导致新的见解，正如我们在这种情况下所做的。让我们退后一步，想想最普通的我们可以想象的事情。这将允许我们有可能在把时钟加起来之前，将一个时钟拨一圈或收缩（扩展）一下。让我们更详细地考察这个可能性。

我们所做的是说："我有两个时钟，我想结合它们成为一个单一的时钟，以便我可以用它得出在 A 点和 B 点发现两个电子的概率是多少。我应该如何结合它们呢？"我们不预先确定答案，因为我们想知道把时钟叠加在一起是否真的是我们应该使用的规则。原来，我们根本没有多少自由，然而有趣的是简单地叠加时钟是唯一两种可能性中的一个。

为了简化讨论，让我们把相应于粒子1跳到A点和粒子2跳到B点的时钟作为时钟1。这是和图7.3中的上图相关联的时钟。时钟2相应于另外的选择，粒子1跳到B点。重要的是要认识到：如果在把时钟1加到时钟2之前，将时钟1转动一圈，那么我们计算的最终概率将与把时钟2加到时钟1之前，将时钟2转动同样一圈，一定是相同的。

为了明白这一点，注意在图7.3中交换标签A和B显然不能改变什么。这只是以不同的方式描述同样的过程。但是，交换A和B也交换了图7.3中的两个图。这意味着，在交换标签之后，如果我们决定在将时钟1加到时钟2之前转动时钟1（相应上图），那么这必须完全相应于在将时钟2加到时钟1之前转动时钟2。这个逻辑是关键性的，因此值得牢牢记住。因为我们已假设没有办法区分两个粒子之间的差异，那么就允许交换标签。这意味着，时钟1转一圈必须给出时钟2转一圈同样的回答，因为没有办法将两个时钟区分开。

这不是一个有利的观察，而是一个非常重要的结果，因为在叠加它们之前，只有两种可能的方式处理时钟的转动和收缩，这将产生一个最终的时钟，不依赖于被处理的是原来的哪个时钟。

图7.4说明了这一点。图的上半部分说明，如果时钟1转动90度并加到时钟2上，那么由此产生的时钟与时钟2转动90度并加到时钟1上产生的时钟的大小不相同。我们可以看到，这是因为，如果我们先转动时钟1，由虚线箭头表示的新指针指向与时钟2的指针在相反的方向上，因此部分抵消了。相反，转动时钟2的指针，它的指针指向与时钟1的指针在同样方向，现在指针叠加在一起形成一个更大的指针。

很明显，90度不是特殊的，其他角度也会给出产生的时钟，取决于我们决定转动时钟1和时钟2的哪一个。

明显的例外是一个转动为0度的时钟，因为在时钟1加到时钟2之前，将时钟1转动0度显然与在时钟2加到时钟1之前将时钟2转动0度是相同的。这意味着，没有任何转动将时钟叠加在一起是确有可能发生的。同样，将两个时钟转动相同数量也行，但这是真的与“没有转动”的情况一样吗？并且是仅仅对应于重新定义的我们所说的“12点钟”吗？这相当于说：我们总是可以毫无约束地转动每个时钟同一个量，只要我们对每一个

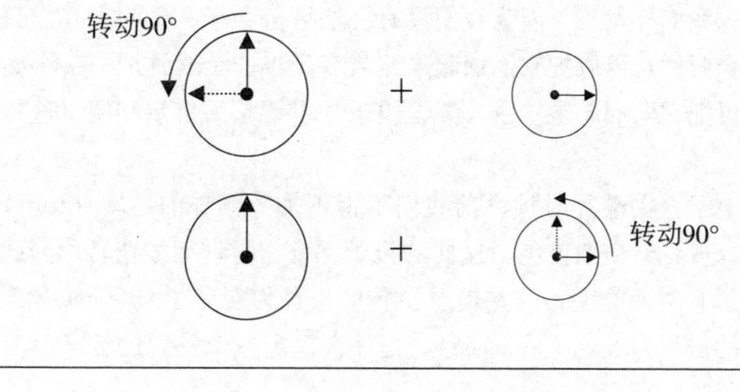


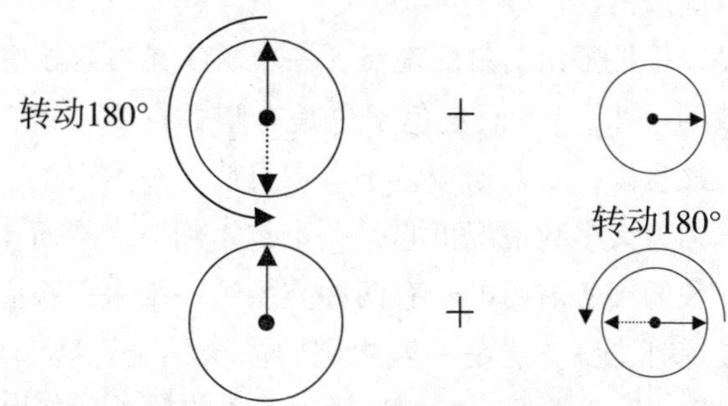


**图 7.4　图的上部分表明，在时钟 1 拨了 90 度之后将时钟 1 和时钟 2 叠加在一起，与在时钟 2 拨了 90 度之后将二者叠加在一起不同。**

**图的下部分说明，有可能在两个时钟叠加之前，将时钟之一拨了 180 度。**

时钟都这样做。这将不会影响我们试图计算的概率。

图 7.4 的下面部分说明，也许令人惊讶的是有另外一种结合时钟的方法：将时钟中的一个转动 180 度，再和其他时钟加起来。在两种情况下，这不会产生完全相同的时钟，但却产生相同大小的时钟，这意味着得出在 A 点找到一个电子和在 B 点找到另一个电子的概率相同。

一个类似的推理规则排除了在时钟相加之前，收缩和扩展一个时钟的可能性，因为如果在将时钟 1 加到时钟 2 之前收缩时钟 1，那么这与将时钟 2 加到时钟 1 之前收缩时钟 2 的同一个量通常是不同的，并且对这个规则没有例外。

这样，我们要得出一个有趣的结论。尽管我们的出发点是要允许我们完全自由，我们却发现，因为我们没有办法区分粒子，事实上我们只有两种方法结合时钟：可以把它们加起来，或者先将一个时钟或另一个始终转动180度再把它们加起来。令人真正快乐的事情是大自然利用了这两种可能性。

对于电子，在叠加时钟之前我们不得不加上额外的扭转（twist）。对于像光子，或者希格斯玻色子这样的粒子，叠加时钟无须扭转。因此，大自然的粒子有两种类型：那些需要扭转的被称为费米子（fermion），那些没有扭转的被称为玻色子（boson）。是什么决定一个特定的粒子是费米子还是玻色子呢？是自旋。

自旋，顾名思义，是粒子角动量的度量，一个事实是费米子总是有一个自旋等于某个整数的一半，[3] 而玻色子总是有整数自旋。我们说，电子有半自旋，光子有整自旋，希格斯玻色子有零自旋。在本书中，我们避免处理自旋的细节，因为大多数情况下它是一个技术细节。然而，当我们讨论元素周期表时，我们确实需要电子有两种类型这一结果，相应于两种可能的动量值（上旋和下旋）。这是一般规则的一个例子，这个规则说，粒子的自旋 $s$ 一般有 $2s+1$ 个类型，例如自旋为1/2的粒子（如电子）有两个类型，自旋为1的粒子有三个类型，自旋为0的粒子有一个类型。一个粒子角动量和我们结合时钟的方式之间的关系称为自旋统计定理（the spin-statistics theorem），它是在构想量子理论时出现的，以便与爱因斯坦的狭义相对论一致。更具体地说，这是一个确保不背离因果关系的直接结果。不幸的是，推导自旋统计定理超出了本书的范围，实际上它超出了许多书的范围。在《费曼物理学讲义》中，理查德·费曼这样说：

> 我们很抱歉不能给你一个基本的解释。泡利从复杂的量子场论和相对论的争论中得出了一个解释。他表示两者必须和必定要走在一起，但我们还没能找到一个办法以初级水平再现他的论点。这似乎是物理学中少有的几个地方中的一个，你可以很简单地叙述一个规则，但却没有人能发现一个简单的和容易的解释。

---

[3] 单位是普朗克常数除以2π。

请铭记住，理查德·费曼是在大学水平的教科书中这样写的，我们必须举双手赞成。但规则很简单，你必须相信我们的话，它是可以证明的：对于费米子，你必须给一个扭转，对于玻色子，你不需要。原来，扭转是不相容原理的理由，因此也是原子结构的理由；由于我们所有的艰苦的工作，现在这些是可以很简单地解释的东西了。

想象移动图 7.3 中的 A 点和 B 点越来越靠近。当它们靠得非常近时，时钟 1 和时钟 2 必须是几乎相同的大小和几乎相同的时间。当 A 和 B 正好在彼此的顶部时，这时时钟必须是相同的。这应该是显而易见的，因为时钟 1 对应粒子 1 终止在 A 点，而时钟 2，在这个特殊情况下完全代表同一样东西，因为 A 点在其顶部。尽管如此，我们仍然有两个时钟，我们仍然必须把它们叠加在一起。但妙处就在这里：对于费米子，我们必须给时钟之一一个扭转，先把它转动 180 度。这意味着，当 A 和 B 在同一位置时，时钟将总是读完全相反的时间，即当一个指向 12 点，另一个指向 6 点，所以它们叠加在一起产生的时钟总是大小为零。这是一个有趣的结果，因为它意味着在同一个地方找到两个电子的机会总是为零：量子物理学的定律导致它们相互避开。它们离对方越接近，产生的时钟越小，发生的可能性越小。有一种方式能够清晰地表达泡利的著名原理：电子彼此避开。

最初，我们是想证明在氢原子中，在同一个能级上不能有两个相同的电子。我们还没有完全证明这是真的，但是电子相互避开的概念对于原子显然是有意义的，对于为什么我们不会掉到地板下是有意义的。现在我们可以看到，我们鞋子中原子的电子不仅推开地板中的电子，因为同性电荷相斥；它们还按照泡利不相容原理彼此推开。原来，正如戴森和莱纳德证明的，是电子相互避开使我们不掉到地板下面去，它也迫使电子占据原子内部不同的能级，给它们一个结构，并最终导致在自然界中我们看到的各种化学元素。这显然是一个物理学对日常生活有非常重大意义的结果。在本书最后一章中，我们将展示泡利原理在阻止一些星体不在自身引力下崩溃的过程中也起着至关重要的作用。

最后，我们应该解释它怎么会是这样，如果两个电子不能在同一时间在同一地点，那么也可以得出一个原子中的两个电子不可以有相同的量子数，这意味着它们不能具有相同的能量和自旋。如果我们考虑两个自旋相同的电子，那么我们想说明它们不能在同一能级。如果它们在同一能级，那么每一个电子必须用额外的在空间分布的同一个时钟阵列描述（相应于有关的驻波)。对空间中的每一对点，标记为X和Y，那么就有两个时钟。时钟1相应于“在X点的电子1”和“在Y点的电子2”，而时钟2相应于“在Y点的电子1”和“在X点的电子2”。从我们前面的研究得出，这两个时钟应该在其中的一个时钟转动6小时后相互叠加，以减小在X点发现一个电子和在Y点发现第二个电子的概率。但如果两个电子有相同的能量，那么时钟1和2在关键的额外转动前，两个电子要有同样的能量。在转动之后，它们的时间“相反”，如前所说，叠加在一起使时钟的尺寸为零。这种情况对任何特定的位置X和Y发生，因此在同样的驻波配置中，找到一对电子的机会绝对为零。最终，它成为我们身体中的原子保持稳定的原因。

# 8. 相互联系

到目前为止，我们一直密切关注的是孤立粒子和原子的量子物理学。我们已经知道，原子内部的电子处于确定的能态，我们称之为“定态”（stationary states），尽管原子可以处于不同状态的叠加。我们也知道，一个电子可以从一个能态跃迁到另一个能态，同时发出一个光子。一个原子用这种方式发射光子，使我们可以察觉其能态；我们可以到处看见原子跃迁的独特色彩。然而，我们对物质的感受是紧密结合在一起的一些数量庞大的原子集合体，仅仅出于这个原因，我们也应该开始思考，原子结合在一起后到底会发生什么。

对原子群的思考将把我们引上一条道路，在这条道路上我们会遇到化学键、半导体和绝缘体之间的区别，最终我们会把目光投向半导体。这些有趣的材料具备一些特性，可用于制成微型设备进行一些基本的逻辑运算。它们就是晶体管，通过将数百万只晶体管串在一起可以制作芯片。我们将会看到，晶体管理论从本质上就是建立在量子论的基础之上的。如果没有量子理论，我们很难明白科学家们到底是怎样发明和利用这些晶体管的，同时也无法想象如果没有了这些晶体管，现代世界会是什么样子。它们是科学史上一个意外发现的典范；好奇心驱使我们对自然界进行孜孜不倦的探索，我们把这么多的时间花在了描述自然界里发现的所有与人类直觉相悖的细节上面，最终导致了我们日常生活的一场革命。我们总是试图对科学研究加以分类和控制，对于这种行为的危险性，威廉·肖克利（William Shockley）早已作出了一个精妙的总结。他是晶体管的发明者之一，也是贝尔电话实验室固态物理小组的领导人。

> 我想表达一些观点，谈谈对通常用来对物理学研究进行分类的一些词汇的看法，例如，纯的、应用的、不受限制的、根本的、基础的、学术的、工业的以及实用的，等等。在我看来，某些词汇被过于频繁地作为贬义使用，一方面不仅会对那些能产生有用东西的实际课题加以贬低；另一方面，还会抹杀一些对新领域的探索，这些探索虽然暂时无法预见结果，但可能具有长远价值。我经常被人问到，我所计划的实验是纯研究还是应用研究；对我来说更重要的是，要知道实验是否能得出关于自然本质新的、可能是持久的了解。如果答案是肯定的，那么在我看来，这就是好的基础研究；相对于实验动机，这重要得多。不管实验的动机是纯粹出于审美愉悦的目的，还是为了改进大功率晶体管的稳定性。两类实验都会赋予人类最大的利益。[1]

由于说这番话的人，也许是人类有史以来最有用的发明的创造者，全世界的决策者和管理者们都会对此给予特别关注。量子理论改变了世界，无论当代所做的前沿物理学研究出现什么新理论，它们都将改变我们的生活，这几乎是肯定的。

就像以往一样，我们将从头开始，将我们的研究对象从只包括一个粒子的宇宙扩展到包含两个粒子的宇宙。尤其是，设想一下，一个含有两个孤立氢原子的简单的宇宙；两个电子被束缚在围绕两个质子的轨道上，相隔很远。下面几页，我们会把这两个原子拉近一点，看看会发生什么。但在目前，我们暂时假设它们彼此相距甚远。

泡利不相容原理认为，两个电子不能处于同一量子态，因为电子是不

---

〔1〕这段话摘自他1956年发表的诺贝尔奖获奖感言。

可区分的费米子。你起初可能忍不住想说，如果原子相距甚远，那么两个电子必须处在截然不同的量子态，别无它论。但事实要有趣得多。假设将1号电子放在1号原子内，将2号电子放在2号原子内。过一会儿后，再说“1号电子仍在1号原子内”这种话就没有任何意义了。它现在可能是在2号原子内，因为电子总有可能发生量子跃迁。请记住，任何可能发生的事情最终都会发生，电子从某一瞬间到下一个瞬间，可以自由地漫游在宇宙间。用小时钟的语言来表示，即使我们开始时用的时钟只描述了聚集在一个质子附近的一个电子群，在下一个瞬间，我们将被迫再次引入时钟来描述在其他质子附近的电子群。即使大规模量子干涉的作用意味着其他质子附近的时钟非常小，它们的大小也不会为零，并且在那儿发现电子的可能性总是存在的。要想更清楚地思考不相容原理的含义，就必须不再用两个孤立原子的概念进行思考，而是将该系统视为一个整体：我们有两个质子和两个电子，我们的任务是了解它们是如何布局的。让我们把这个情况简化一下，忽略两个电子间的电磁相互作用，如果质子相距很远，这样做也比较合理，而且对我们的论点不会产生任何重要的影响。

我们对两个原子中的电子容许的能量知道多少？我们无须计算就可以大致明白；我们可以利用已有的知识。在质子相距甚远的情况下（假设它们相隔数英里），电子的最低容许能量肯定要对应于它们所处的状态，即电子被质子所束缚并形成两个孤立的氢原子。因此，我们可能会得出这样的结论：这个由两个质子和两个电子所组成的整个系统的最低能态，将对应于两个处于最低能态的完全不受对方影响的氢原子。虽然这听起来很有道理，但是它并不正确。我们必须将系统作为一个整体来考虑，就像一个孤立的氢原子一样，这个四粒子系统（four-particle system）一定有其自身的容许电子能谱。因为泡利原理，围绕在各个质子周围的电子不可能精确地处于同一能级，它们完全不“知道”对方的存在。[2]

看来，我们必须得出这样的结论：位于两个距离遥远的氢原子中的一个相同电子对，不能具有相同的能量，但我们也说过，我们认为电子将处于最低能级，和一个理想化的完全孤立的氢原子相对应。这两种假想的情况都不可能真的发生，稍加思考后，我们就能明白，解决问题的办法就

[2] 为了便于讨论，这里我们忽略了电子自旋。如果设想它指的是两个同样进行着自旋的电子，那么我们在这里所说的仍然适用。

是，在一个理想化的完全孤立的氢原子中，在每一层面上有两个能级，而不是一个。用这个方法，我们就可以容纳两个电子的存在，同时又不违反泡利不相容原理。对于相距很远的原子而言，两个能级之间的区别必须很小，这样我们才能假设原子不会受到对方的影响。但实际上，它们并非如此，因为泡利原理还规定：如果两个电子中的一个处于某种能态，那么另外一个一定处于其他不同的能态，并且两个原子中间的这种紧密联系会一直存在，无论它们相距多远。

这种逻辑适用于更多数量的原子——如果有 24 个氢原子彼此相距遥远地散布在宇宙中，那么对于单个原子宇宙中的每一个能态而言，现在有 24 种能态，它们的能态值几乎相同但又不完全相同。当某个原子中的某个电子在一个特定的能态下稳定下来，它已经完全“了解”了其他 23 个电子中每一个的能态，不管它们的距离多么遥远。于是，宇宙中的每一个电子都“知道”其他电子的能态。我们还可以继续下去——质子和中子也都是费米子，于是每一个质子都知道其余的各个质子，每一个中子都知道其余的各个中子。这些粒子之间都存在着一种紧密的联系，在它们所构成的我们宇宙中，这种联系横跨整个宇宙而且无处不在。对于相距遥远的粒子来说，能量之间的差异是如此之小，以至于对我们的日常生活不会带来任何明显的不同。

这是迄今为止在本书中，我们所得出的听起来最怪异无比的结论之一。宇宙中的每一个原子都和其他每一个原子紧密联系，这种说法好像万金油，怎么样解释都通。但是，这里没有什么东西是我们之前没有遇到过的。想想我们在第 6 章里思考过的矩形势阱。阱的宽度决定了容许的能级谱，并且如果阱的大小发生变化，能级谱也会随之变化。电子所在阱的形状如果改变，能级谱也会改变，因此，它们被容许占有的能级取决于质子所处的位置。如果有两个质子，能量谱就取决于它们两个所处的位置。如果宇宙是由 $10^{80}$ 个质子组成的，那么就会有 $10^{80}$ 个电子位于这个阱中，而且每一个质子的位置都会影响到阱的形状。自始至终只有一套能级，如果出现任何变化（例如电子从一个能级跃迁到另一个能级），那么其他的一切都要即时自行调整，因此没有两个费米子曾经处在同一能级上过。

认为电子可以立即“知道”对方这个看法，听起来像是有可能违反爱因斯坦的相对论。或许我们可以建立一种信号装置，利用这种即时通讯以超光速传递信息。1935 年，在爱因斯坦与鲍里斯·波多尔斯基（Boris

Podolsky）和纳森·罗森（Nathan Rosen）开展合作时，他们首次发现了量子理论所呈现出的这种明显自相矛盾的特性；爱因斯坦将它称为“幽灵般的超距作用”，而且他并不喜欢这种现象。人们过了一段时间才认识到，尽管看似鬼魅，却无法利用这些远程关联性以超光速传送信息，这就意味着因果法则仍然是有效的。

这种能级多重性的衰减，并不只是一个可以用来规避不相容原理的限制的深奥方法。事实上，它并不深奥，因为这就是化学键背后隐藏的物理学。要想解释为什么一些材料可以导电而其他材料则不行，这也是关键，没有它，我们将无法了解晶体管的工作原理。在我们开始对晶体管的探索之旅前，我们要再来谈谈我们在第 6 章中遇到的简化“原子”，当时一个电子被俘获在一个势阱中。可以肯定的是，这个简单的模型并不能帮助我们正确地计算一个氢原子的能量谱，但它确实能揭示单个原子的行为，并且在这里它也能发挥很大的作用。我们要使用两个连在一起的矩形势阱，以制成两个相邻氢原子的简单模型。我们首先想到的情况是，单个电子在两个质子产生的势能中运动。位于图 8.1 中上部的图片说明了我们将如何制作这个模型。除了在下降的地方形成了两个势阱外，其他地方的势能都是平的，这两个势阱模仿的是两个质子俘获电子的能力将会带来的影响。中间的跨步有助于将电子维持在左端或右端被俘获的状态，只要这个跨步足够高。用专业语言来描述，我们可以说，电子是在一个双势阱中运动的。

我们面临的第一个挑战是，利用这个简单模型去理解当我们让两个氢原子结合到一起时将会发生什么。我们将看到，当它们足够接近时，它们会结合到一起，形成一个分子。之后，我们将考虑更多数量的原子，这将使我们明白固体物质内部的情况。

如果势阱很深，我们可以使用第 6 章得出的结果来确定最低激发能态应该和什么相对应。对于单个矩形势阱中的单个电子，最低能态可以使用正弦波来描述，其波长等于盒子尺寸的 2 倍。用来描述次低能态的正弦波的波长，则与盒子的大小相同，依此类推。如果我们把一个电子放进一个双势阱的某一侧，如果势阱足够深，那么容许的能量必须接近那些被困在单个深阱中的电子的能量，并且它的波函数也应该看起来很像一个正弦波。一个完全孤立的氢原子和在一个相距很远的氢原子对中的一个氢原子之间是否存在微小区别，这正是我们现在要关注的。

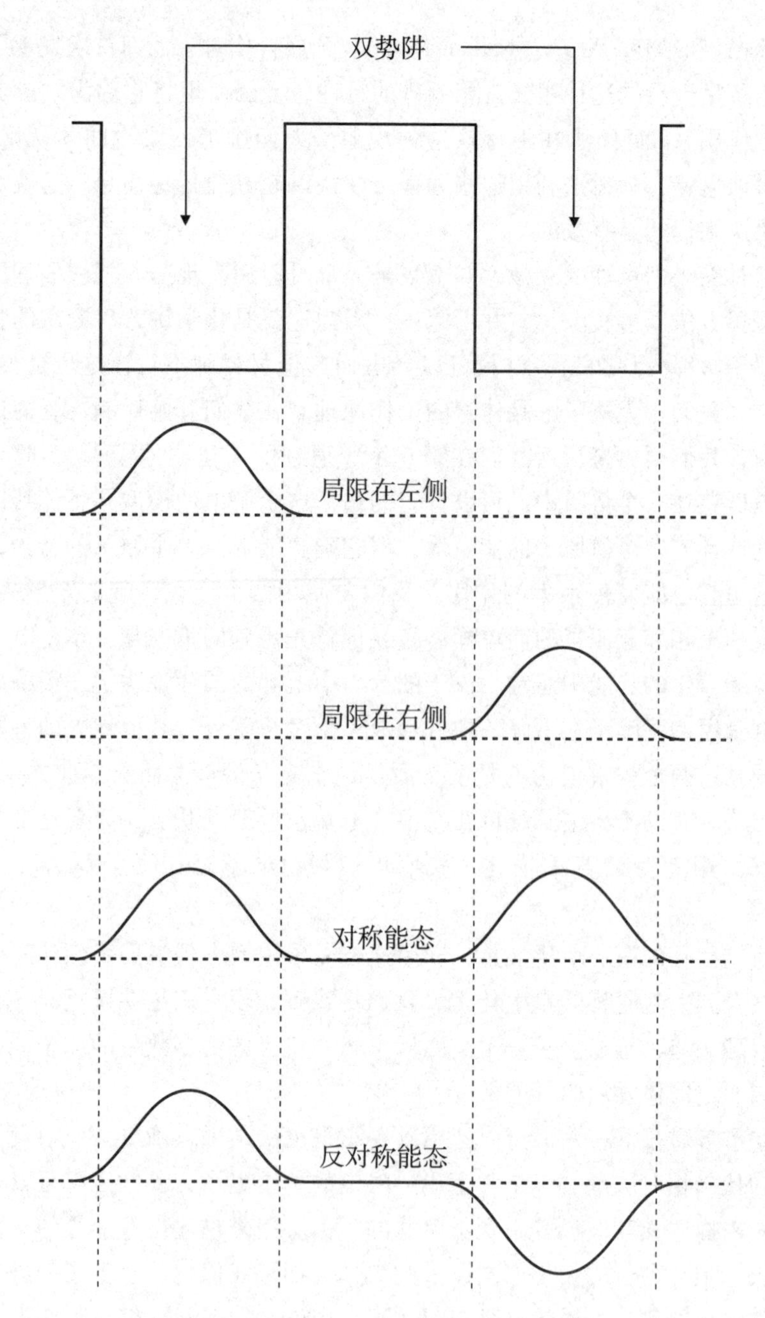


**图8.1 双势阱位于图的顶部，在它下面用4个有趣的波函数描述电势中的一个电子。只有底部的两个函数对应于一个具有确定能量的电子。**

我们完全可以预期，在图 8.1 中位于顶部的两个波函数对应一个单电子，它要么位于左侧的势阱，要么位于右侧的势阱（请记住，我们交替使用“势阱”和“原子”）。这些波近似于正弦波，波长等于势阱宽的 2 倍。因为波函数的形状是相同的，我们可以说，它们应该和具有相同能量的粒子相对应。但这是不可能的，因为我们已经说过，不管势阱有多深，或者它们相隔多么遥远，还是存在这样一种微小的可能性，即电子从一个势阱跃迁到另一个势阱。在前面的图中，我们把正弦波画得就好像有点从势阱的墙壁中“渗漏”过来一样，我们之所以画成这样，就是为了暗示这一点。这代表这样一个事实，即存在一种很小的可能性，能在邻近的势阱里面发现非零时钟。

事实上，电子从一个势阱跃迁到另一个势阱这种现象发生的可能性始终是存在的。这就意味着，图 8.1 中顶部的两个波函数可能无法与具有确定能量的一个电子相对应，因为通过第 6 章的讨论我们知道，这样的一个电子可以用驻波来描述，驻波的形状不会随着时间改变，同样道理，一个时钟群的大小不会随着时间而改变。如果随着时间而改变，那么随着时间的推移，原本是空的势阱里就会产生大量新的时钟，这样波函数的形状几乎肯定会随着时间而改变。那么，对于一个双势阱来说，一个具有确定能量的能态又该是什么样的呢？答案就是，这个能态必须更加“民主的”，并且对于在任意一个势阱中发现电子表现出一个均等的倾向性。这是得到一个驻波的唯一途径，并且波函数也不会在两个势阱之间晃来晃去。

我们在图 8.1 中给出的位于下部的两个波函数就带有这种特性。这些波函数正是最低激发能态的“本来面目”。它们是我们可以建立的看起来像每个单独势阱里的“单势阱”波函数的唯一能态。并且它们还描述了一个电子，这个电子在任意一个势阱里面被发现的机会均等。根据推断，如果想要将两个电子放进围绕两个相距遥远的质子的轨道，以形成两个几乎相同的氢原子，并且不违反泡利原理，那么实际上就必须存在这两个能态。如果这两个波函数的其中之一可以描述一个电子，那么另一个电子必须对应另一个波函数——这是泡利不相容原理所规定的。[3] 如果势阱足够深，或原子相距足够远，这两个能量将几乎相等，而且几乎等于单个孤立势阱中俘获的一个粒子的最低能量。尽管某个波函数看起来像是有点上

---

〔3〕回想我们头脑中有两个相同的电子，即它们有相等的自旋。

下颠倒了，我们也不必担心，记住只有时钟的大小才决定了在某个地方找到粒子的概率。换句话说，即使我们把这本书中画的所有波函数都颠倒过来，也绝不会改变它的物理本质。这个“有点上下颠倒”的波函数（在图中标注为“反对称能态”（anti-symmetric energy state））仍然描述了一个被俘获在左侧势阱的电子和一个被俘获在右侧势阱的电子的同等叠加。然而，关键的是，对称波函数和反对称波函数并非完全相同（它们不可能完全相同，否则泡利就会生气了）。为了弄明白这一点，我们需要看看这两个最低能量波函数在势阱之间的区域里的“表现”。

其中一个波函数是围绕着两个势阱的中心对称分布的，另一个是反对称分布的（它们在图中也是这样标注的）。“对称”的意思是左侧的波是右侧波的镜像。对于“反对称”波而言，左侧的波在被上下颠倒后就成了右侧波的镜像。术语本身并不重要，重要的是，这两个波在两个势阱之间的区域是不同的。正是这种微小的差异，意味着它们所描述的能态稍微有不同。事实上，对称波描述的能态较低。所以，把其中一个波上下颠倒事实上是有影响的，但如果势阱足够深，或足够远，这种影响就很小了。

如果从带确定能量的粒子的角度来思考，当然会有些让人感到混淆，因为正如我们刚才所看到的，描述它们的波函数在任意一个势阱里的大小是一样的。这确实意味着，当我们寻找电子的时候，在任意一个势阱中找到电子的机会是均等的，即使这些势阱之间隔着整个宇宙。

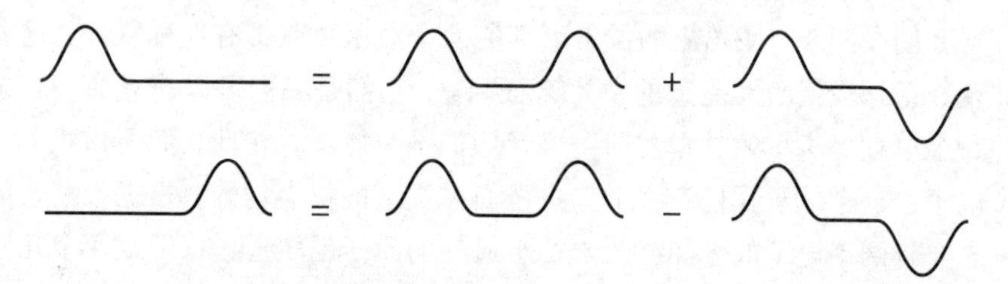


**图8.2　上部：被限制在左侧势阱中的一个电子可以被理解成两个最低能态的总和。**

**下部：同样，被限制在右侧势阱中的一个电子可以被理解成两个最低能态之间的差额。**

如果我们真的把一个电子放入一个势阱中，并把另一个电子放入另一个势阱中，我们该如何描绘将要发生的情况呢？我们之前说过，我们认为原本是空的势阱中将充满时钟，这样就可以代表一个事实，即粒子可以从一端跳到另一端。甚至在我们之前说到波函数左右“摇摆”时，我们就已经暗示过这个答案了。要想明白它是怎么回事，我们需要注意到，我们可以将局限在某个质子上的能态，表达成两个最低能量波函数的总和。我们在图 8.2 中已经作出了说明。但它又意味着什么呢？如果电子在某个时候位于某个特定的势阱内，那么就意味着它实际上并不具有特定的能量。具体来说，如果对它的能量进行测量，测量值将等于构成波函数的两个确定能态所对应的两个可能的能量的其中之一。于是电子就同时处于两种能态中。我们希望，在本书中的这个阶段，你已经对这个概念有所认识了。

但这就是有趣的地方。因为这两个能态的能量并不完全相同，它们的时钟转动的速度略有不同（在第 83 ~ 84 页我们已经讨论过这一点）。由此，最初用一个局限在一个质子周围的波函数来描述的一个粒子，在经历一段足够长的时间后，却要用另一个在另一个质子附近达到顶峰值的波函数来描述这个粒子。对此，我们不打算详细说明，但可以说，这种现象与以下这种现象很类似，即两种具有几乎相同频率的声波叠加在一起，由此产生的综合波最初会很大（这两种声波为同相波），然而，过一会儿后，这个综合波就会变得安静（这两种声波变成异相波）。这种现象被称为“节奏”（beats）。随着波的频率越来越接近，大声和安静之间的时间间隔变得越来越长，直到波的频率变得完全相同，它们结合并产生一个纯音。这是每一位音乐家都完全熟悉的现象，他们在使用音叉的时候，也许就是在不知情的情况下，利用了这种物理学原理。对于位于第二个势阱中的第二个电子来说，原理是完全一样的。它也往往会从一个势阱迁移到另一个势阱，迁移的方式会模仿第一个电子的行为。虽然某个势阱中的电子可能会先开始迁移，另一个势阱中的电子后开始迁移，但在等待足够长的时间后，电子最终会调换位置。

现在，我们要开始利用我们刚刚学到的东西。当我们开始移动原子并让它们紧密地靠在一起，真正有趣的物理现象发生了。在我们的模型中，将原子移动到一起对应的是将隔开两个势阱的屏障的宽度减小。随着屏障变得越来越薄，波函数开始合并在一起，电子在两个质子中间的区域被发现的可能性越来越大。图 8.3 说明了当屏障很薄的时候，这 4 个最低能量波函数看起来会是什么样的。有趣的是，最低能量波函数开始看起来像是个最低能量正弦波，如果在一个单个宽势阱内——即两个波峰合在一起形成一个波峰（里面有个低洼）——有一个单电子，我们就会得到这种最低能量正弦波。同时，次低能量的波函数看起来和对应的单个宽势阱的次低能量的正弦波很相像。这就是我们应当期望发生的，因为，随着势阱之间的屏障变得越来越薄，它的作用也在不断减弱，最终，当它的厚度为零时，它的影响就不复存在了，所以我们的电子就应该像在一个单势阱中那样运动。

从两个极端的角度——相距很远的势阱和紧密靠近的势阱——分析了将会发生的情况后，再考虑一下随着势阱之间距离的减小容许电子能量将如何变化，就可以对事情有个全面的认识了。在图 8.4 中画出了最低的 4 个能级所对应的结果。4 条线中的每一条都代表了 4 个最低能级中的某一个，在它们旁边也给出了相应的波函数。图中靠最右侧的部分显示了当势阱被隔开很远时的波函数（也可参见图 8.1）。正如我们所期望的，每个势阱中电子能级之间的差异事实上是很不明显的。随着势阱越来越靠近，能级开始拉开（将左侧的波函数同图 8.3 中的相比较）。有趣的是，反对称波函数相对应的能级增加了，而对称波函数相对应的能级却下降了。

对于一个由双质子和双电子——就是两个氢原子——组成的真正系统而言，这个结论有着深远的影响。请记住，在现实中，两个电子实际上可以处于同一能级，因为它们可以有相反的自旋。这表示，这两个电子都可以处于最低（对称）能级，并且，最重要的是，随着原子的靠近，这个能级的能量会下降。这意味着，两个相距遥远的原子如果相互靠近，从能量的角度来说是有好处的。而且这也正是自然界中实际发生着的:[4] 在对称波函数所描述的系统中，电子在两个质子之间得到更均等的共享，而在“相距遥远”的波函数所描述的系统中，共享就没那么均等。而且，因为这种“共享”配置的能量较低，原子受到对方的吸引。由于两个质子带正电荷，这种引力最终会停止，因此它们会开始相互排斥（由于电子的电荷相同，也存在着斥力），但只有在电子距离小于约 0.1 纳米（室温）的情况下，这种斥力才会超过原子间的引力。其结果是，两个氢原子的两个电子形成共用电子对，最终形成一个稳定的结构。这一对“依偎”着的氢原子有一个名字：氢分子。

这种两个原子由于彼此之间电子的共享而“黏”在一起的现象被称为

---

〔4〕假设质子彼此相对移动的速度不太快。

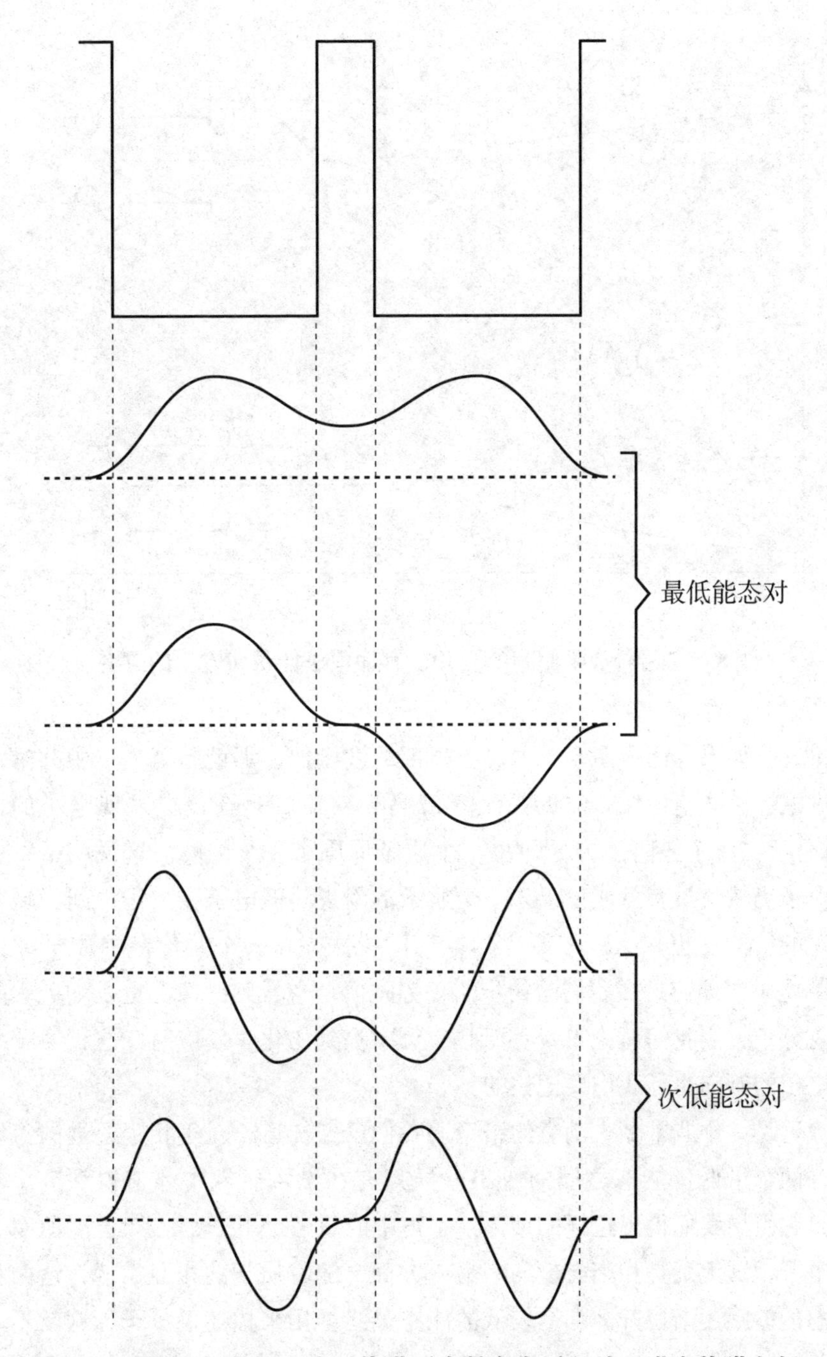


图 8.3　和图 8.1 相同，除了势阱更为紧密靠近以外，进入势阱之间区域的“泄露”增加了。与图 8.1 不同的是，我们还给出了对应于次低能态对的波函数。

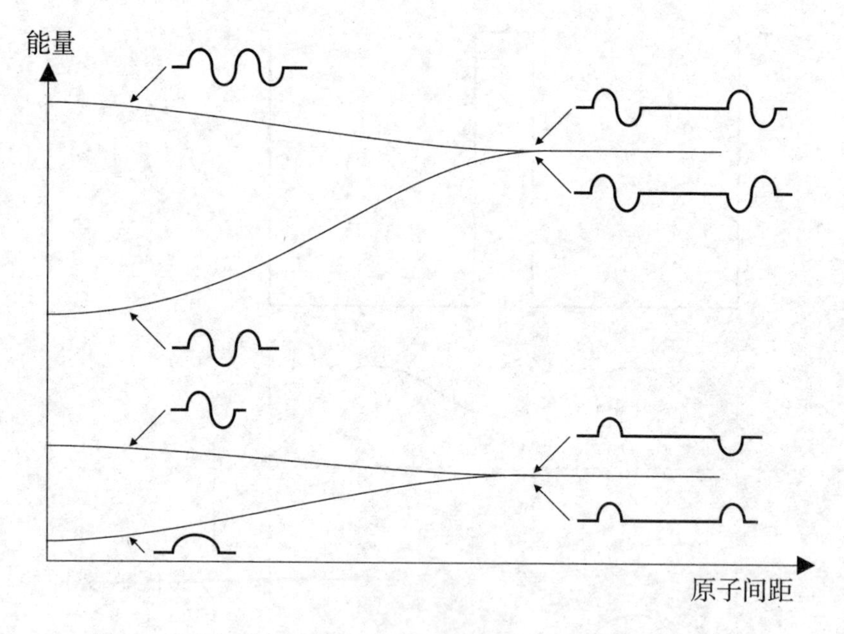


**图 8.4　随着势阱间距的变化，容许电子能量所发生的改变。**

共价键。如果你回顾图 8.3 中位于顶部的波函数，那就是氢分子中共价键的大概样子。请记住，波的高度（波高）对应的是在该点发现电子的概率。[5] 在每个势阱上方，即每一个质子周围有一个波峰。这说明，每一个电子仍然是最有可能位于某一个质子的附近。但电子在质子中间区域被发现的可能性也很大。按照化学家们的说法，在一个共价键中原子“共享”电子，即使是在我们的初步的双势阱模型中看到的情况也是如此。除了氢分子，当我们讨论第 98 页到 99 页中提到的化学反应时，这种原子共享电子的倾向也是我们要记住的。

这是一个非常令人满意的结论。我们已经知道，对于相距遥远的氢原子，两个最低位能态之间的微小差异只有在学术研究中才值得深究。然而，它引导我们得出这样的结论：宇宙中的每一个电子都“知道”所有其他电子，这无疑是相当有趣的。另一方面，随着质子的相互靠近，这两种能态的差距逐渐拉开，那个较低的能态最终会用来描述氢分子，这就不是

〔5〕对驻波而言是这样的，时钟的大小和在 12 点钟方向上的投影是彼此成正比的。

单纯的学术问题了，因为共价键是原子形成分子的关键，要不然一堆原子就会是乱糟糟的一团到处乱晃。

现在，我们可以继续延伸这条知识的线索，并开始思考如果我们把更多的原子放到一起会发生什么。3 大于 2，所以让我们先开始考虑一个三势阱，如图 8.5 所示。就像之前一样，我们要假设，每个势阱都处于一个原子的位置上。应该有 3 个最低能态，但看一下图，你可能会忍不住想，现在对于单势阱的每一个能态来说有 4 个能态了。我们头脑中的 4 个能态如图所示。它们对应的波函数各不相同，对称或反对称地围绕着两个势垒（potential barriers）的中心。[6] 这个算法一定不准确，因为如果它是正确的，那么就可以把 4 个相同的费米子放入这 4 个能态，这就会违反泡利不相容原理。为了遵守泡利原理，我们只需要 3 种能态，这当然也是正在发生的情况。为了明白这一点，我们只需要注意到，我们总是可以将图中 4 个波函数的其中一个写成其他 3 个的组合。在图的底部，我们已经举例说明了在某个特定情况下，这个法则如何适用；我们也已经展示了，可以通过对其他 3 个进行加减组合来得到最后的那个波函数。

在已经确定了三势阱中一个粒子的 3 个最低能态后，我们现在可以问一下，图 8.4 在这种情况下会是什么样的。那么，当我们发现，除了一个双重容许能态对变成了一个三重容许能态组之外，图 8.4 看起来相当眼熟，这应该不出意料。

关于 3 个原子，我们就讨论到这里。现在将我们的注意力迅速转移到一连串的原子链。这将特别有趣，因为它包含了一些重要的想法，可以帮助我们解释很多发生在固体物质内部的现象。假设有 N 个势阱（来建立一个 N 原子链模型），那么对于单势阱中的每个能量来说，现在都将有 N 种能态。如果 N 为 $10^{23}$，一小块固体材料中通常有这么多数量的原子，这个数目是惊人的。其结果是，图 8.4 现在看起来像是图 8.6。垂直的虚线表明，对于一定间距的原子，电子只能有一定的容许能量。这并不是什么让人奇怪的事情（如果你觉得奇怪，那你最好把本书从头开始再看一遍），但有趣的是，容许能量进入了“能带”。能量从 A 到 B 是容许的，但能量到达之前不能再有其他能量的进入了，在这里，能量从 C 到 D 也是容许

---

[6] 你可能会认为还应该有 4 个波函数，对应于我们画的上下颠倒的波函数，但正如我们已经说过的，这两者其实是相等的。

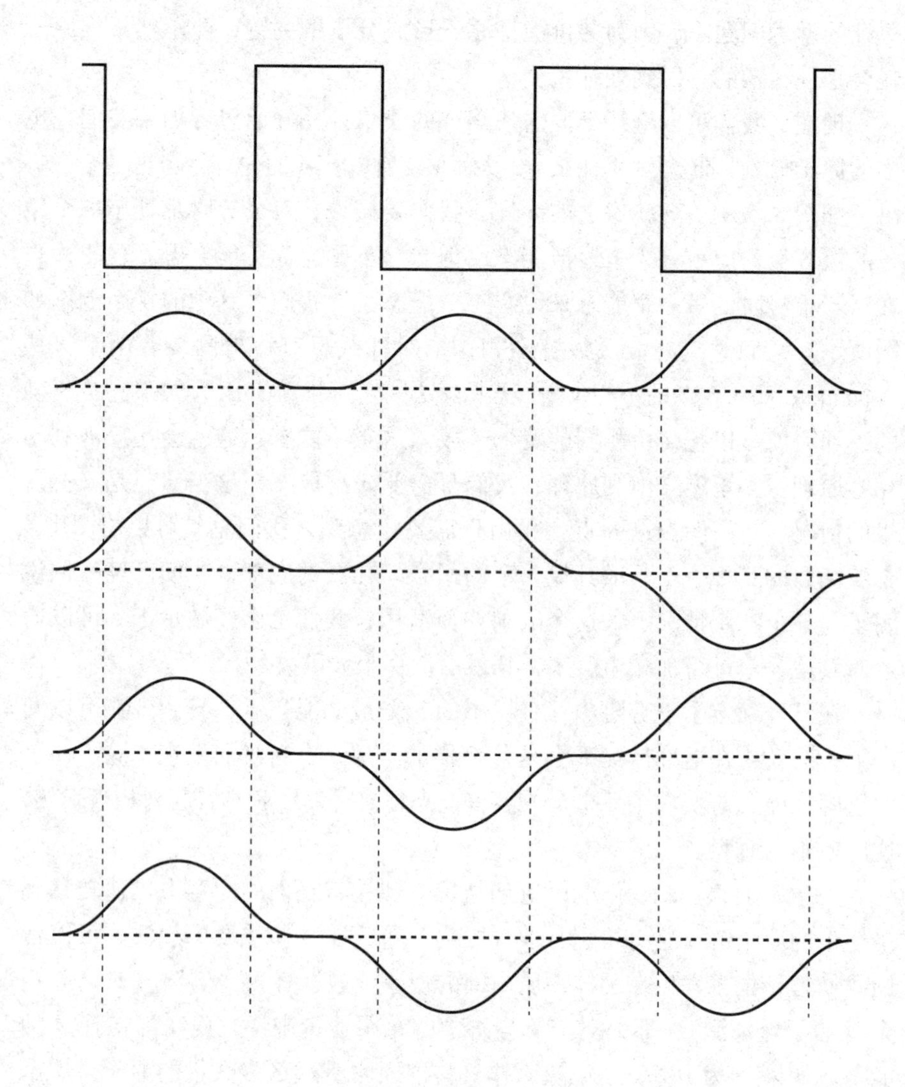

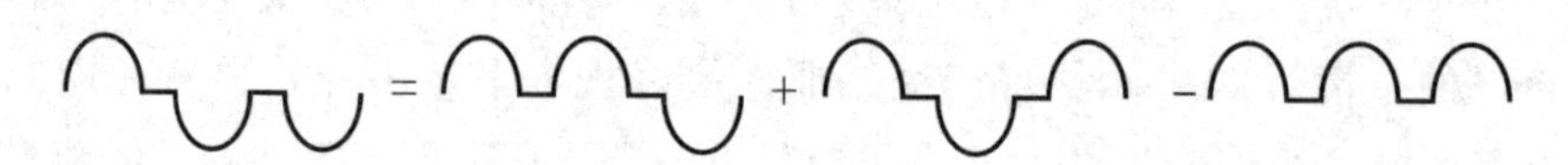

图 8.5　三势阱，这个模型对应了在一行有 3 个原子的情况和可能的最低能量波函数。在底部，我们说明了这 4 种波中最下面的波如何可以从其他 3 个波中得出。

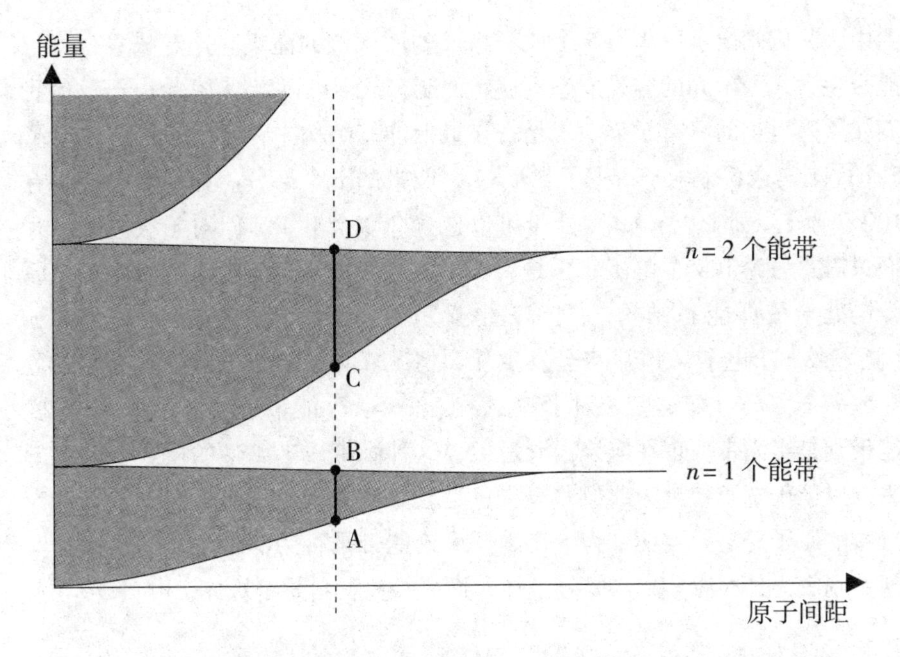


**图8.6　一大块固体物质中的能量带，以及它们是如何随原子的间距而变化的。**

的，依此类推。事实上，每条链上有很多原子，这意味着，有很多容许能量挤入每一个能带。数量如此之多，事实上，对于一般的固体，我们不妨假设，在每个能带中的容许能量形成了一个平滑的连续体。我们这个初步模型的这个特性，在真实的固体物质中也是存在的——固体物质中的电子确实具有能量，这些能量在能带中聚集到一起，这个特性很大意义上决定了我们谈论的到底是什么样的固体。特别是，这些能带解释了为什么一些材料（金属）导电，而其他材料（绝缘体）不导电。

怎么会这样呢？让我们首先考虑原子链（就像我们曾经用由一连串的势阱链形成的模型表示的那样），但现在假设，每一个原子都有几个电子束缚在它上面。这当然是个标准——只有在氢原子中的单个质子上仅有一个电子被束缚——因此，现在我们从讨论一个氢原子链转为讨论一个更重的原子链，后者无疑更为有趣。我们还应该记住，电子可以有两种类型：自旋向上和自旋向下，而且泡利原理告诉我们，我们最多只能将两个电子放入每一个容许能级。对于一串原子链，如果每个原子只包含一个电子（即氢原子），$n$ 为 1 的能带是半满能带。这在图 8.7 中得到了说明，在该图中，我们画出了一串由5个原子组成的原子链的能级。这意味着，每个能带包含5种不同的容许能态。这5种能态最多可以容纳10个电子，但我们在这里讨论的只有5个，于是，在最低能态结构中，这串原子链包含了5个电子，这5个电子占据了“$n=1$”能带的下半部分。如果原子链中有100个原子，那么“$n=1$”能带可以包含200个电子，但对于氢原子，我们只需要讨论100个电子。于是，再一次，“$n=1$”能带为半满状态，原子链处于最低能态结构。图8.7也显示了，如果每个原子有2个电子（氦）或3个电子（锂）将会发生什么情况。对于氦原子，最低能源配置对应一个“$n=1$”满带，对于锂原子，“$n=1$”能带是满带，而“$n=2$”能带则是半满带。现在应该很清楚了，这种满带或半满带的模式会继续下去，以至于电子数量为偶数的原子总是会导致能带被充满，而电子数量为奇数的原子总是导致能带为半充满。无论能带是否为满带，我们将很快发现，到底为什么有些材料是导电体，而另一些材料是绝缘体。

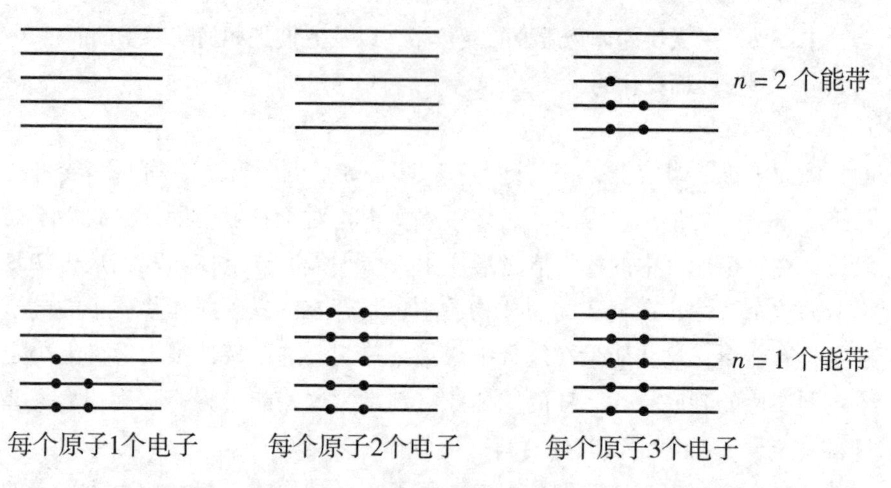


**图8.7　在一串由5个原子组成的原子链中，当每一个原子含有1个、2个或3个电子时，电子是如何占据最低可用能态的。黑点表示电子。**

现在让我们设想，将原子链的两端连接到一节电池的端子。经验告诉我们，如果是金属原子，那么就会有电流。但这实际上意味着什么呢？我们的解释又将怎样引向这个结论呢？幸运的是，我们其实不需要了解电池对电线内部原子的精确作用。我们所需要知道的是，接上电池后就提供了能量来源，可以给一个电子一点小小的作用力，而这种作用力总是朝着同一个方向的。一节电池究竟是如何做到这一点的呢？这是个很好的问题。说“它是因为电池在电线内部产生了一个电场，电场推动电子”并不能完全让人满意，但就本书而言，这个答案已经够了。最终，我们可以利用量子电动力学的原理，通过研究电子与光子的相互作用来解决这个问题。但这样做对目前的讨论毫无帮助，所以出于篇幅的考虑，我们暂且搁置这个问题。

设想一个电子处于某一个特定能态。开始时我们将假设，电池的作用就在于向电子提供了很小的作用力。如果电子处于一个低能态，在能量梯上有许多电子在它上面（当我们使用这种语言时记住看图8.7），它就无法接收来自电池的能量。它处于被封锁状态，因为它上面的能态已经是充满的。例如，电池可能能够使得电子向上挪动几个台阶，到达一个更高的能态，但如果上面所有的这些梯级已经被占用了，那么我们所说的这个电子就必须放弃这种吸收能量的机会，因为它根本无处可去。请记住，根据不相容原理，如果可用的地方已经被占据，它就不能进入这个地方。电子将被迫表现得就像是根本没接上电池一样。对于处于更高能态的电子而言，情况又不同了。它们位于接近顶部的地方，可以潜在地吸收来自电池的微小作用力，移动到一个更高的能态，但只有它们并不位于满带的最顶部才行。回过头来参考一下图8.7，我们看到，如果原子链中的原子含有奇数个电子，最高能态的电子将能够吸收来自电池的能量。如果它们包含偶数个电子，那么处于最顶部的电子仍然去不了任何地方，因为能量梯上有一个巨大的能量台阶，只有给予它们足够大的作用力，它们才能克服这个困难。

这意味着，如果一个特别的固体物质中的原子包含偶数个电子，电子将表现得就像是根本没接上电池一样。电流无法流动，仅仅因为电子无法吸收能量。这就是绝缘体无法导电的原因。唯一能够摆脱这个结论的途径是，最高满带的顶端和下一个空带的底部之间的能量之差要足够小，关于这一点，我们接下来马上还要讨论。与之相反，如果原子包含奇数个电子，那么最高能态的电子总是能够自由吸收来自电池的作用力。结果它们就会跳跃上一个更高的能级，因为来自电池的作用力总是朝着同一方向，这些作用力的净效应就会引起这些移动电子的流动，我们把这种流动看做是电流。因此，非常简单，我们可以作出一个结论，即如果某个固体物质包含的原子含有奇数个电子，那么它们注定是导电体。

令人高兴的是，现实世界并非如此简单。钻石这种晶体固态物质完全由碳原子组成，碳原子有6个电子，钻石是一种绝缘体。而另一方面，石墨也是纯碳组成的，却是一种导体。事实上，这种奇/偶电子规则在实践中很少正确，这是因为我们的“一条线上的势阱”的固体模型太过简陋。然而，绝对正确的是，良好导电体的最高能量的电子具有阶梯净空，可以使它跃迁到更高的能态，而绝缘体之所以是绝缘体，因为具有最高能量的电子受到了容许能量阶梯中某个能量台阶的阻挡，无法到达更高的能态。

这里有个进一步“扭转”（twist）的故事。当我们在下一章里就电流是如何流过半导体进行解释的时候，这个扭转将会发挥重要作用。让我们设想有一个电子，在一个完美的水晶里围绕着空带自由漫游。为什么说是一个水晶呢？因为我们认为化学键（可能是共价键）使得原子按照一个固定的模式来排列。如果所有的势阱是等距离的而且大小相同，那么我们的一维固体模型就是与水晶相对应的。连接一节电池，在外加电场轻柔的推动作用下，一个电子将欢快地从一个能级跳到另一个能级。随着电子吸收更多能量后越来越快地移动，电流将稳步增加。任何稍有电力常识的人都知道，这听起来会有些怪怪的，因为我们没有提到“欧姆定律”。欧姆定律指出，电流（$I$）应该是根据电压（$V$）的大小来确定的，因为 $V = I \times R$，在这里 $R$ 代表电阻。欧姆定律出现的原因在于，因为当电子一路跳上能量阶梯时，它们也会失去能量，一路掉下来——这只有原子晶格不完美时才会发生，这要么是因为晶格内有杂质（区别于多数原子的“淘气”原子），或因为原子到处剧烈晃动（在任何非零温度下一定会发生）。因此，电子的大部分时间都在玩一个“蛇爬梯子”的微观游戏，它们爬上能量阶梯，然后又由于它们和不完美的原子晶格的相互作用而再次摔下来。一般来说，这样会产生一种“标准”电子能量，从而导致固定的电流。这种标准的电子能量决定了电子沿着电线流下来的速度，这就是我们所说的“电流”。电阻则被视为衡量原子晶格不完美程度的指标，电子就是通过这些晶格移动的。

但这不是我们要说的扭转。即使没有欧姆定律，电流也不会一直不断增加。当电子到达一个能带的顶部，事实上，它们的举动会变得很奇怪，这种行为的净效应就是减小并最终反转电流。这是很奇怪的：尽管电场是朝着同一个方向给电子施加作用力的，它们靠近一个能带顶部时却最终朝相反方向运动。对此奇怪效果作出解释超出了本书范围，所以我们只能告诉你，带正电荷的原子核发挥了关键作用，它们会采取行动，推动电子，使电子朝反方向移动。

现在，正如之前我们已经“预告”过的，我们将探索在最后一个满带和下一个空带之间的能隙“足够小”的情况下，一个本来应该是绝缘体的物质却表现得像一个导体将会发生什么情况。在这个阶段，必须要引进一些术语。最后一个能带（即最高能量能带）完全充满了电子，它被称为“价带”（valence band），下一个能带（在我们的分析中，要么是空的，要么是半满的）被称为“传导带”（conduction band）。如果价带和传导带实际上是重叠的（这个可能性是真实存在的），那么根本就不会有能隙，一个潜在的绝缘体就会表现为一个导体。如果有能隙，但差距又“足够小”呢？我们刚才已经说明，电子可以接受来自一节电池的能量，所以我们可以假设，如果电池的电量很充足，它可以为一个电子提供一个足够大的作用力，使得靠近价带顶部的电子跃迁到传导带。这是可能的，但这不是我们这里要讨论的，因为通常的电池无法产生这么大的作用力。让我们用一些具体的数字来描述，一个固体物质内的电场通常的量级是每米几个伏特。在一个一般的绝缘体中，为了给一个电子足够强的作用力使它能够获得所需要的动能（电子伏的 7 次方）[7] 从价带跃迁到传导带，需要的电场量级可能是每纳米几个伏特（比普通电场强 10 亿倍）。更为有趣的是，一个电子接受的来自原子的作用力构成了固体。这些原子并不是规矩老实地待在同一个地方，而是有些到处轻微抖动——固体的温度越高，它们抖动得越厉害。一个抖动的原子能提供给一个电子的能量比一节实用电池可以提供的能量更多，足以使它跃迁几个电子伏的能量。在室温下，一个原子实际上很少能给一个电子提供这么强的作用力，因为在 20℃ 的时候，一般的热能量约为 1 个电子伏特的 1/40。但这只是一个平均数，并且一个固体中存在着数量巨大的原子，因此这种情况确实会偶尔发生。当它真的发生时，电子能从束缚它的价带跃迁到传导带，然后在那里，它们可以吸收

---

[7] 电子伏是一个非常方便的能量单位，可以用于讨论原子中的电子，并广泛应用于核物理和粒子物理。它是一个电子如要加速通过 1 伏特的电位差所需获得的能量。这个定义并不重要，重要的是它是一个量化能量的方法。为了让你对能量的大小有所认识，我们可以告诉你，将一个电子从一个氢原子的基态中完全释放出来所需的能量为 13.6 电子伏特。

来自一节电池的微小作用力，并在这样做的同时产生电流。

在室温下，在某种材料中，数量足够多的电子可以从价带中跃迁到传导带中，这种材料有它们自己的特殊名称：它们被称为半导体。在室温下，它们可以导电，但随着它们的温度降低，原子的抖动减弱，所以它们的导电能力逐渐消失，它们又变回了绝缘体。硅和锗，就是典型的半导体材料，并且因为它们的双重特性，它们可以被用来发挥很大的用处。事实上，可以毫不夸张地说，半导体材料的技术应用为全世界带来了一场深刻的革命。

# 9. 现代世界

1947 年诞生了世界上第一个晶体管。现在,世界上每年制造的晶体管数量超过了 $10^{19}$(10 000 000 000 000 000 000)个,这个数字比 70 亿地球人口每年消耗的米粒数量总和的 100 倍还要多。世界上第一台晶体管计算机于 1953 年诞生于英国曼彻斯特，总共装有 92 个晶体管。今天，你只需要花费一粒大米的价钱，就可以买到超过 10 万个的晶体管。一部移动电话里就有差不多 10 亿个晶体管。在这一章中，我们将描述晶体管是如何工作的，这无疑是量子理论最重要的应用。

正如我们在上一章中谈到的，导体之所以称做“导体”，是因为有些电子位于传导带中。因此，它们具有较大的流动性，在电池连接时，可以沿着导线“顺流直下”。把它们比做流动的水是非常恰当的。电池引起了电流的“流动”。我们甚至可以使用“电势”来描述这个概念，因为电池产生了一个电势，传导电子在其中移动，并且在某种意义上，电势意味着“下坡”。因此，材料的传导带中的某个电子沿着电池产生的电势“滚落下来”，同时获得能量。这是运用另一种方式来思考我们在上一章里谈到的微小作用力——在这里我们不再说是电池产生了微小作用力，加速了电子沿电线的运动，而是引入了沿着山坡流下的水流的经典类比。要想弄清楚电力是如何通过电子得到传输，这是一种好的方法，它也是我们接下来要在本章使用的思维方式。

在诸如硅的半导体材料中，会发生一些非常有趣的现象，因为电流不仅仅是由传导带中的电子携带的。价带中的电子同样发挥了作用。要想认识这一点，请见图9.1。箭头代表一个电子，它原来位于价带中，处于静止状态，吸收了部分能量后被激发到传导带中。当然，跃迁后的电子具有更高的流动性，但是一些其他的电子也具有流动性——因此现在价带中出现了一个“空穴”，并且这个空穴为一些本来是惰性的价带电子提供了一个回旋余地。正如我们已经看到的，将一节电池连接到这个半导体将导致传导带电子获得一个向上的动能，从而产生电流。刚才提到的那个空穴怎么样了？电池产生的电场能使价带中某个处于低能态的电子跳入空穴中。空穴得到填充，但现在价带中位于下面的部分出现了一个更“深”的空穴。当价带中的电子跳入空穴时，这个空穴就会到处移动。

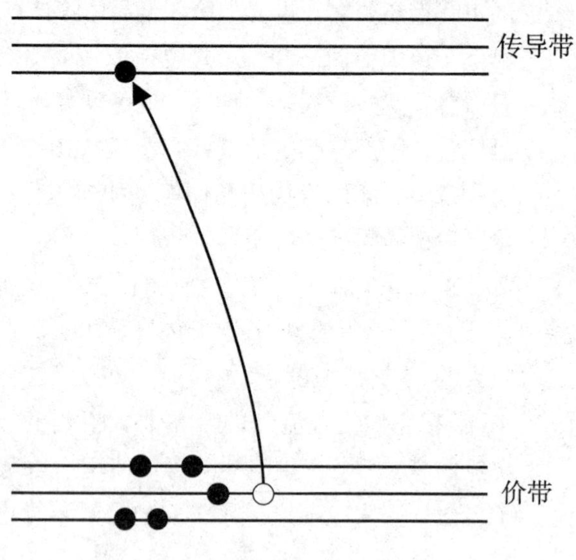


**图9.1　半导体中的一个电子-空穴对。**

我们不必费心记录几乎已被填满的价带中所有电子的运动轨迹，而是可以关注空穴的位置轨迹，并且暂时忘记那些电子。对于研究半导体物理学的人来说，这种记录的便捷性是一种规范，并且这种思维方式可以让我们的生活变得更简单。

一个外加电场引起传导带电子的流动，从而产生电流，于是我们就会想知道，这个电流对价带中的空穴会有什么影响。我们知道，价带电子不能自由移动，因为根据泡利不相容原理，它们几乎被完全俘获。但在电场的影响下，它们会成一条线似的移动，导致空穴相应地发生移动。虽然这听起来可能与你的直觉不一致，如果你无法理解这个概念，即如果价带中的电子移到左边，那么空穴也会随之移到左边，也许下面的类比可以提供某些帮助。想象一下，一队人排成一条直线，每个人之间都相隔 1 米，只是队伍中间少了一个人。这里的人就相当于电子，缺失的人就代表了空穴。现在，让我们想象一下，当所有的人们都向前迈出 1 米，这时他们就站在了排在他们前面的人刚才所站立的位置上。显然，刚才队伍中的空缺也随之前进了 1 米，那么价带中的空穴同样如此。你也可以想象一下，当水沿着管道流下来的时候，水中的小气泡也沿着水流的同一方向移动，这个气泡中“缺少的水”也相当于价带中的空穴。

但是，除了这些，还有一些重要的复杂问题；我们现在需要用到我们在前一章的结尾部分，在介绍“扭转”时提到的物理知识。不知你是否还记得，我们当时提到，在一个满带顶部附近移动的电子受到电场的作用而加速运动，而这种加速运动的方向正好与移动到满带底部附近电子的运动方向相反。这意味着，价带顶部附近的空穴，会朝传导带底部附近电子的相反方向移动。

最简单的做法就是，我们可以设想一队电子朝一个方向流动，另外有一队相等的空穴则反向流动。可以假设一个空穴携带有一个电荷，这个电荷和一个电子所带的电荷正好相反。看到这里，请记住我们这里所说的电子和空穴所流经过的物质一般来说是电中性的。在这个物质里的任何普通区域不存在净电荷，因为电子的电荷和原子核所带的电荷相抵消。但是，如果将一个电子从价带中激发到传导带中（我们一直在讨论它），通过这种方法，产生一个“电子-空穴”对（electron-hole pair），那么就会有一个自由的电子到处移动，导致产生了一个负电荷，鉴于这个物质中的电荷原本均衡的情况，相对于物质这个区域平均情况来说形成负电荷过剩。同样，空穴里没有电子，它对应于这个区域正电荷净过剩。电流的定义就是正电荷流动的速率。[8] 因此，如果电子和空穴向同一方向流动，则电子对电流的影响是负的，空穴则是正的。正如在半导体中，电子和空穴朝相反的方向流动，那么两者叠加在一起会产生一个更大的电荷净流动，因此会产生更大的电流。

虽然上面所说的这些听起来有点复杂，其净效果是非常显而易见的：我们可以想象，通过半导体材料的电流代表着电荷的流动，这种流动是由朝一个方向移动的传导带电子以及朝相反方向移动的价带空穴组成的。这种情况和导体中电流的流动形成了对比。在后者中，电流主要是由于传导带中的大量电子流动产生的，由电子-空穴对产生的额外电流可忽略不计。

为了理解半导体材料的实用性，我们需要认识到，虽然在导体中电流就如沿着电线流下的电子洪流那样不可控制，但在半导体中并非如此。相反，它是电子和空穴电流形成的更为微妙的组合，再加上一点聪明的操纵技巧，这种微妙的组合可以用来生产微型装置，对通过电路的电流实施精妙的控制。

接下来将给出应用物理学和工程学的一个实例，这个例子颇为鼓舞人心。假设有一块纯硅晶体或纯锗晶体，我们有意掺入一些其他物质，这样可以产生一些电子可用的新能级。这些新能级使我们能够对通过半导体的电子和空穴流加以控制，就像我们通过水阀来控制通过水管网络的水流量一样。当然，任何人都可以控制通过电线的电流，只要拔掉插头就可以了。但这不是我们这里将要谈论的。我们谈的是使用微型开关可以对电路中的电流进行动态控制。微型开关是逻辑门的基本组件，而逻辑门则是微处理器的基本组件。那么所有这些又是如何工作的呢？

图9.2的左侧部分展示了，如果将磷掺杂到硅晶体中会发生什么后果。掺杂的程度可以精确控制，这是非常重要的。设想一下，每时每刻，在一块纯硅里面，一个硅原子被除去，取而代之的是一个磷原子。磷原子不偏不倚地进入了原先的硅原子空出来的位置，唯一的区别是，磷原子比硅原子多了一个电子。这个多出来的电子受到了主原子（host atom）的约束力，虽然这种约束非常微弱，但它仍不是完全自由的，所以它占有了传导带正下方的能级。在低温下，传导带是空的，磷原子所支配的这一个额外的电

---

〔8〕这个定义只是一个传统的惯例，反映了历史上的某些新意。我们也可以将电流描述为传导带电子流动的方向。

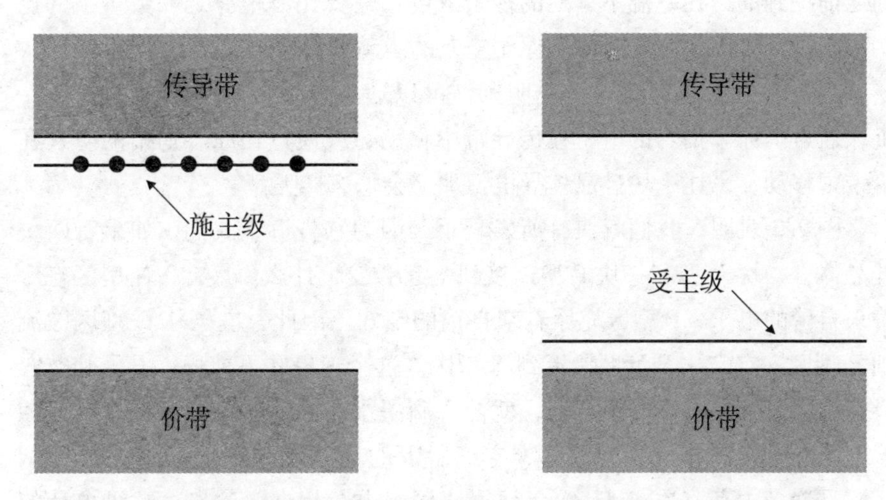


**图 9.2　N 型半导体（左侧）和 P 型半导体（右侧）中产生的新能级。**

子位于图中所标明的施主能级。在室温下，硅块中的“电子-空穴对”非常罕见，10 000 亿个电子中只有 1 个左右的电子能够从晶格的热振动中获得足够的能量从价带中跃迁出来，进入传导带。与此相反，因为磷中的施主电子受到主原子的约束力非常微弱，它很有可能会从施主能级中跳进传导带。所以在室温下，如果掺杂浓度大于每万亿个硅原子比一个磷原子，那么传导带中大部分都是磷原子捐赠的电子。这意味着，可以仅仅通过掺杂不同浓度的磷物质来非常精确地控制可用于导电的可移动电子的数量。因为只有在传导带中到处移动的电子才可以自由导电，所以把这类进行了掺杂的硅晶体称为“N 型半导体”（N 指“带负电荷”）。

图 9.2 的右半部分告诉我们，如果我们将铝原子掺杂到硅晶体中，会出现什么情况。同样，铝原子漫步在硅原子周围，它们也会逐步进入先前硅原子所处的位置。不同之处在于，铝原子比硅原子少一个电子。这就导致本该是纯净的硅晶体中出现了空穴，正如同磷原子带入了多余的电子一样。这些空穴分布在铝原子的附近，它们可以由从临近的硅原子的价带中跃迁出来的电子填充。这个“空穴被填满”的受主能级的说明见图 9.2，并且它正好位于价带以上，因为硅原子中的价带电子很容易就能跳入铝原子形成的空穴中。在这种情况下，我们可以自然地认为电流是由空穴传送的，因此这类杂质硅晶体被称为“P 型半导体”（P 指“带正电荷”）。如

同之前提到的，在室温下，铝的掺杂浓度不需要比万亿分之一数量级的比例高出很多，因为主要是靠铝原子空穴的运动来导电的。

到目前为止，我们只是说明了，可以通过以下两种方法中的任意一个，通过磷原子捐赠的电子在传导带中移动，或通过铝原子捐赠的空穴在价带中移动，来让一块硅晶体导电。那又会怎么样呢？

图 9.3 表明，我们就快有所发现了。因为它告诉了我们，如果将两块硅晶体，一块 N 型和一块 P 型连接到一起会发生什么。最初，N 型区充斥着来自磷的电子，P 型区充斥着来自铝的空穴。因此，电子从 N 型区漂流到 P 型区，空穴从 P 型区漂流到 N 型区。这个现象并不神秘；电子和空穴只是游移过两块晶体的结合处，就像一滴墨水在一盆水中弥散开来。但随着电子和空穴向相反方向漂移，它们留下的地区带有净正电荷（在 N 型区）和净负电荷（在 P 型区）。根据“同类电荷相斥”法则，这种电荷的聚集会阻止进一步的迁移，直至最后达成平衡，不再发生进一步的净迁移。

图 9.3 中 3 张图片中的第二张图说明了，可以怎样运用电势来思考这个过程。该图展示的是电势在结合处是如何变化的。在 N 型区深处，结合处的影响并不重要，因为结合处已经处于平衡状态，没有电流流过。这意味着在该区域内部电势是恒定的。在继续思考这个问题之前，需要再次明确为什么要提到电势。它只是告诉我们，是什么力量在对电子和空穴起作用。如果电势是平的，那么，就像放在平坦地面上的球不会乱动一样，电子也不会动。

如果电势是下降的，就可以假设位于下降电势附近的一个电子可能会“滚下坡”。不巧的是，惯例规定了另外一种情况，那就是“下坡”电势意味着电子的“上坡”，即电子将向上坡流动。换句话说，一个下降的电势会成为电子的障碍，这正是我们在图中所描述的。先前的电子迁移导致负电荷开始聚集，随着这种聚集，有一种作用力将电子从 P 型区推离。这种作用力阻止了电子从 N 型硅晶体到 P 型硅晶体进一步的净迁移。使用下坡电势来代表电子向上坡的移动，虽然这种做法看起来有些可笑，其实不然。因为现在从空穴的角度来看，就是空穴自然地向下流动，我们这样做就有一些道理。所以现在我们也能看出，我们表示电势的方法（即从左边的高地到右边的低地）同样能够正确地解释这样一个事实，即是电势中的台阶阻止了空穴离开 P 型区。

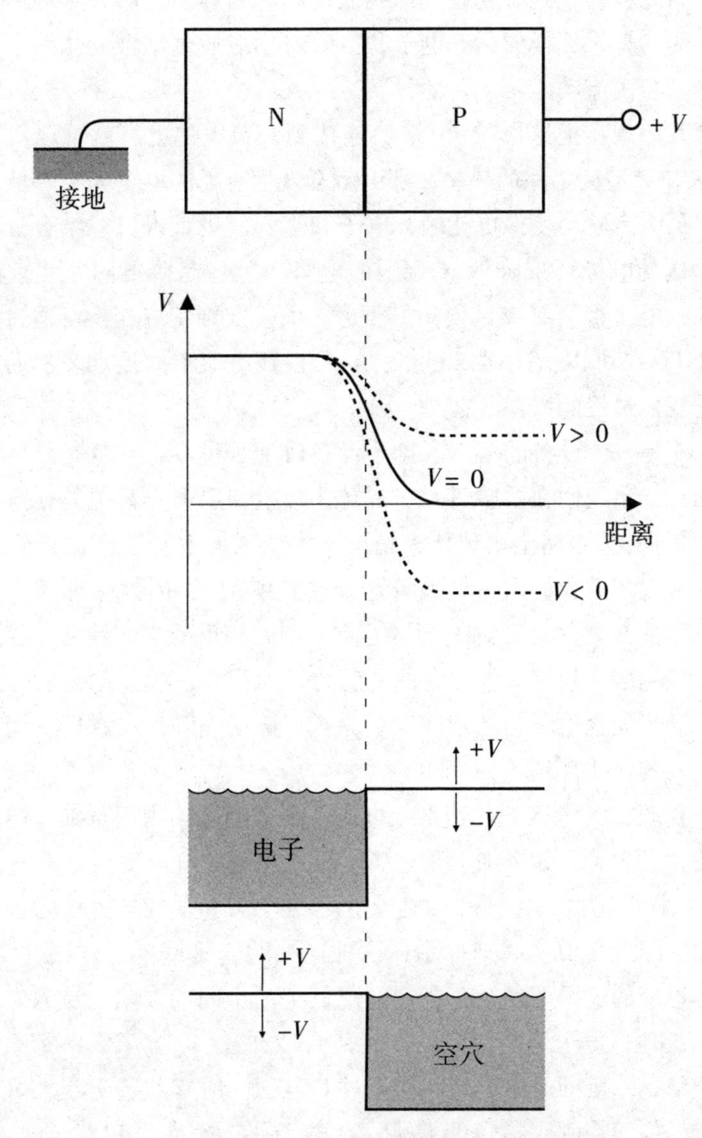


**图 9.3　将一块 N 型硅晶体和 P 型硅晶体结合到一起形成一个连接。**

图 9.3 中的第三张图，说明与流水的类比。左边的电子准备好了要沿着电线流下来，但它们被一道屏障挡住了。同样地，P 型区的空穴也被困在了屏障的另一侧；水坝和电势中的台阶只是一类事物的两种不同说法。如果我们简单地将 N 型和 P 型硅晶体黏到一起，就会出现上面这种情况。

实际上，将它们黏合到一起还不像我们说的这么容易，两者不能简单地黏在一起，因为如果那样的话，电子和空穴就不能通过结合处从一个区域向另一个区域自由流动。

如果我们现在把这个“PN 结”连接到一节电池上，就可以提高或降低 N 型区和 P 型区之间的势垒，那么就会发生有趣的事。如果降低 P 型区的电势，那么台阶会变得更陡峭，电子和空穴就更难以流过结合处。但是提高 P 型区的电势（或降低 N 型区的电势）就像是降低阻止水前进的水坝。很快，电子将从 N 型区涌向 P 型区，而空穴则正好相反。通过这种方式，一个 PN 结可以被用做二极管，它可以让电流单向流动。然而，二极管并不是我们最终的兴趣所在。

图 9.4 是一个设备的草图。这个设备改变了世界，它就是晶体管。这幅图表明，如果我们在两层 N 型硅晶体中放置一层 P 型硅晶体，这样来做成一个“三明治”，将会出现什么情况。先让我们解释一下二极管的工作原理，这可以帮助我们进一步理解这个“三明治”，因为原理基本上是相同的。电子从 N 型区漂移到 P 型区，空穴则朝相反的方向漂移，直到这种融合最终被隔层之间结合处存在的电势台阶所阻止。孤立地来看，这就像是两个充满了大量电子的“水库”被一道屏障所隔开，在它们之间有一个储满了空穴的“水库”。

如果我们在 N 型区的一边加上电压，在 P 型区的中间也加上电压，有趣的现象就发生了。如果加上正电压，导致左侧的电压平台上升（上升量为 $V_c$），同样 P 型区的电压平台也会上升（上升量为 $V_b$）。我们已经通过在图中间的图上加上实线来标示。这种电势的安排产生了戏剧性的效果，因为源源不断的电子像瀑布一样涌过降低了的中间的屏障，流入左边的 N 型区（请记住，电子是向“上坡”流动的）。假设 $V_c$ 大于 $V_b$，那么电子只能单向流动，左侧的电子仍然无法流过 P 型区。所有这些听起来可能相当平淡无奇，但我们刚刚描述的就是一个电子阀。通过给 P 型区加上电压，我们可以接通或者断开电子流。

现在来谈谈我们将要实现的结果，我们马上可以认识到小小的晶体管蕴藏着巨大的潜力。在图 9.5 中，我们再一次通过与流动的水进行类比，对晶体管的工作原理进行了阐释。阀门关闭时的情况与没有电压应用于 P 型区的情况是完全类似的。施加电压就相当于开启阀门。在两条管道之下，我们也绘制了一些符号，这些符号通常被用来代表晶体管，如果你有

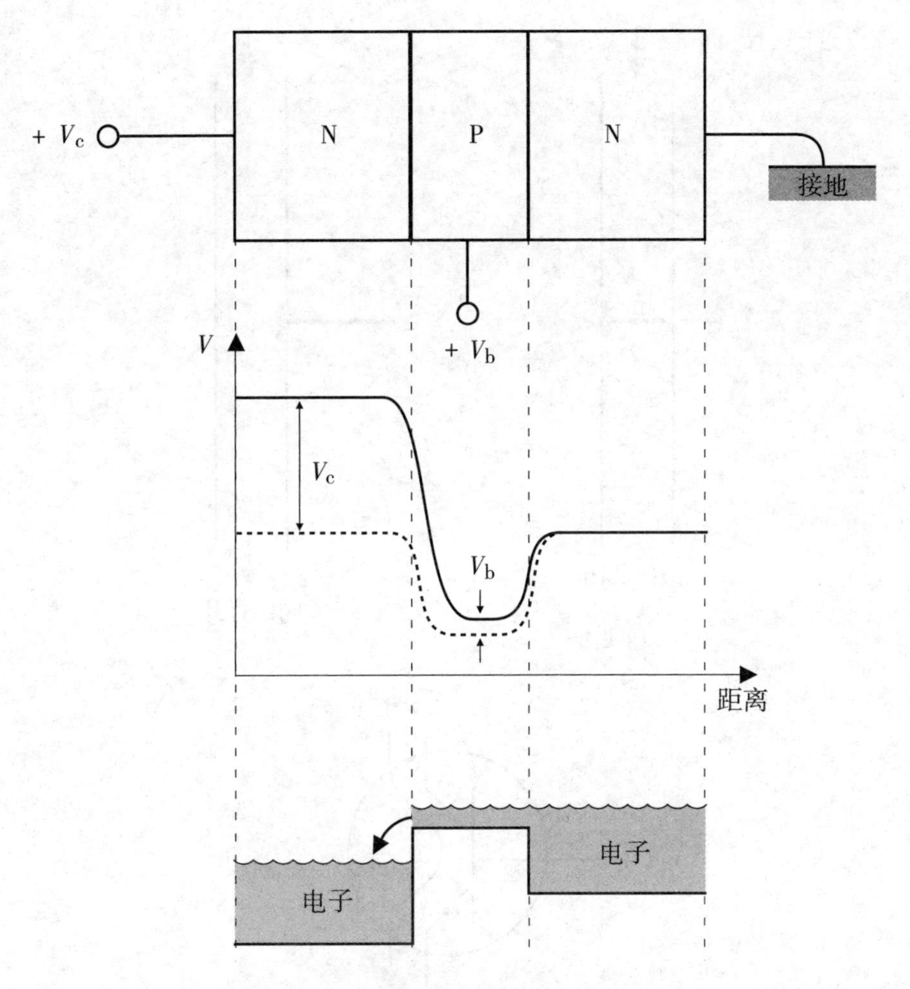


**图 9.4　晶体管。**

一点想象力，它甚至看起来有点像一个阀门。

有了这些阀门和管道，我们可以做些什么呢？答案就是，我们可以组装一台计算机，并且如果这些管道和阀门可以制成足够小的尺寸，我们就可以做成一台像模像样的计算机。图 9.6 抽象地介绍了我们如何使用带有两个阀门的管道来做成所谓的“逻辑门”（logic gate）。左侧管道的两个阀门都是打开的，因此水从底部流出。中间的管道和右侧的管道都有一个阀门是关闭的，显然没有水可以从底部流出来。我们还没有考虑第四种可能性，即两个阀门都处于关闭状态下。如果我们用数字“1”来指代水从底

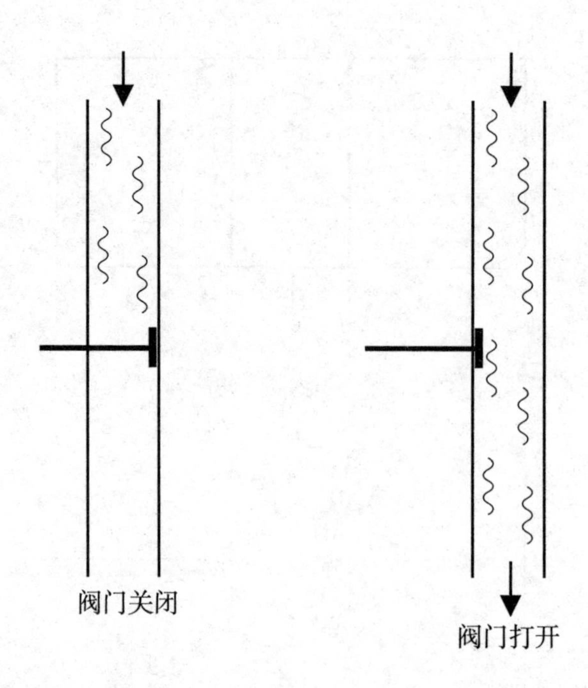


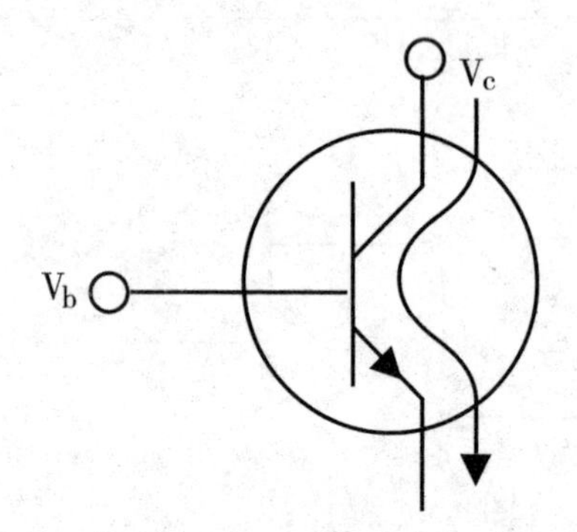


**图9.5　晶体管与“管道中的水”类比**。

部流出，用数字“0”来指代没有水从底部流出，如果我们用数字“1”来标示开放的阀门，用数字“0”来标示封闭的阀门，那么我们可以使用方程式“1与1=1”、“1与0=0”、“0与1=0”和“0与0=0”总结出四条管道的状态（其中三个有图示，一个没有图示）。“与”（AND）这个词是一个逻辑运算，它的运用只是理论意义上的。我们刚才描述的由管道和阀门组成的系统被称为一个“与门”（AND gate）。这个门有两个输入（两个阀门所处的状态）和一个输出（水是否流动），得到“1”的唯一方法就是输入“1”和“1”。希望现在你已经明白如何利用一对串联的晶体管来形成一个与门——电路图在图 9.6 中已经标明。我们看到，只有在两个晶体管都接通的情况下（即通过对 P 型区施加正电压，$V_{b1}$ 和 $V_{b2}$），才可能产生电流，而这正是一个与门生效的必要条件。

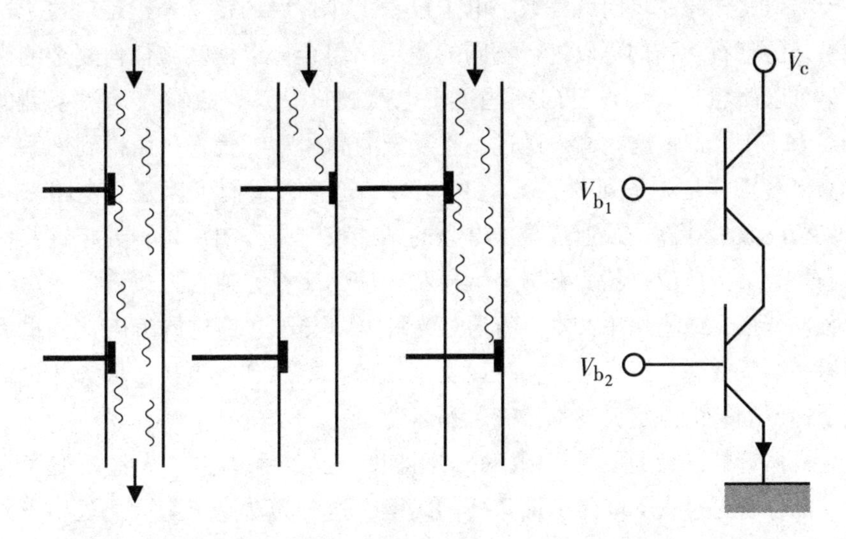


**图 9.6　使用一根水管和两个阀门（左）或一对晶体管（右）建成的一个“与门”。后者更适合应用于计算机制造。**

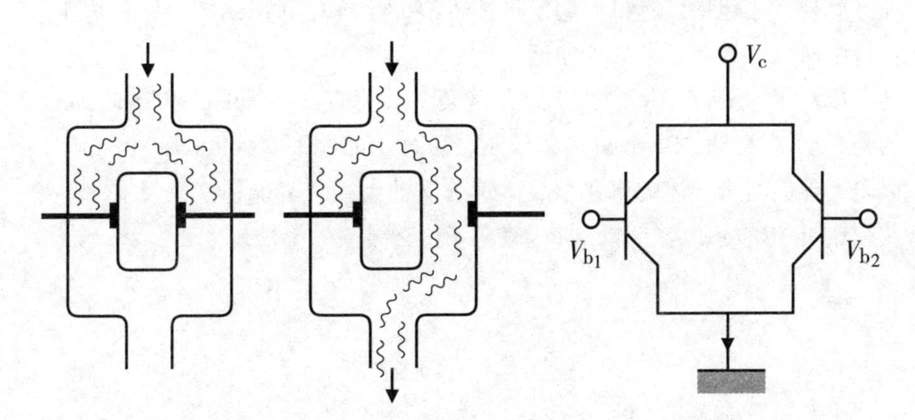


**图 9.7　使用水管和两个阀门（左）或一对晶体管（右）建成的一个“或门”。**

图 9.7 展示了一个和“与门”不同的逻辑门。这一次，如果任意一个阀门打开，水将从底部流出。只有在两者都关闭的情况下，它才不会流

出。这就是所谓的“或门”（OR gate），如果使用前面的标记法，可以表示为“1或1=1”、“1或0=1”、“0或1=1”和“0或0=0”。对应的晶体管电路也在图中做了说明。现在，在所有情况下都会有电流，除非两个晶体管都是断开的。

类似这样的逻辑门就是数字电子设备工作背后的秘密。正是得益于这些平凡的基石，我们可以进行不同的逻辑门组合，以便实施任何复杂的算法。可以假想，详细设定向某些逻辑电路进行一系列的输入（一系列的“0”和“1”），将这些输入送过一些复杂的晶体管配置，从而得到一系列的输出（同样是一系列的“0”和“1”）。这样，我们可以建立电路来执行复杂的数学计算，或通过敲击键盘的某些按键来作出决定，并将这些信息输送给某个单位，然后在屏幕上显示相应的字符，或在入侵者闯入房间时触发警报，或将一串文本字符通过光纤电缆发送（二进制编码）到世界的另一端，或者……事实上，可以实现任何你能想到的事情，因为几乎每一个你所拥有的电气设备都挤满了晶体管。

晶体管的潜力是无穷无限的，并且我们已经利用它极大地改变了世界。晶体管是过去100年来最重要的发明，这种说法毫无夸大之处。半导体技术是构成现代社会的基石，并塑造了世界。实际上，这些技术已经拯救了数以百万计的生命。计算设备在医疗机构里的广泛应用就是最好的例证。此外，还包括计算机应用于迅捷可靠的全球化通讯系统，以及用于进行科学研究和控制复杂的工业流程。

1956年的诺贝尔物理学奖授予了威廉·B.肖克利（William B. Shockley）、约翰·巴丁（John Bardeen）和沃尔特·H.布拉坦（Walter H. Brattain），以表彰他们对半导体的研究和晶体管效应的发现。可能还从来没有哪一个获得诺贝尔奖的研究工作，直接改变了这么多人的生活。

# 10. 相互作用

在本书的开头几章中，我们建立了一个框架来解释微小粒子是如何到处移动的。它们左跳右跃，探索着浩瀚的空间，不带有任何偏见，打个比方，它们就像是上路时带上了自己的小时钟。粒子以不同的方式到达空间中某一个特定的点，这些时钟就对应着这些不同的方式，当我们把这些众多的时钟叠加起来，我们就得到了一个确定的时钟，它的大小告诉我们在“某个点”找到粒子的可能性有多大。从量子跃迁的这种无拘无束、不受管制的状态中，浮现出了我们更为熟悉的日常物体所具有的特性。在某种意义上，你身体内的每个电子、每个质子和每个中子，都在不断地探索着浩瀚的宇宙，只有将所有这些探索的总和相加，我们才能最终得到一个世界，非常幸运的是，在你身体内的原子往往倾向于维持一个合理的稳定结构——至少最近一个世纪以来都是这样。我们还没有对粒子之间相互作用的本质作出任何详细的说明。我们已经取得了很大的进展，但还没有具体到粒子之间是如何进行相互交流的，特别是还没有利用电势这一概念。但什么是电势？如果世界只是由粒子构成的，那么关于这个模糊的概念，即粒子在其他粒子形成的“电势”中移动，我们一定可以用另一种说法来取代，那就是，粒子是如何移动和相互作用的。

基本物理学所使用的现代方法，就是人们所称的“量子场论”（quantum field theory），正是解决这一问题的。它在粒子如何到处跃迁的规则之上增加了一套新的规则，它解释了这些粒子是如何相互作用的。这些规则不会比迄今为止我们所遇到的规则更为复杂。现代科学的一个奇迹就是，尽管自然界本身既深奥又复杂，但同时也遵循一些规则。“世界的永恒之谜在于它是否可以被理解，”阿尔伯特·爱因斯坦这样写道，“事实上，奇迹就在于它是可以理解的。”

让我们首先来清晰地说明第一个被发现的量子场论的规则——量子电动力学（quantum electrodynamics，QED）。这个理论的起源可以一直追溯到20世纪的20年代，当时狄拉克对麦克斯韦的电磁场成功地进行了量子化。我们已经在本书中多次见过电磁场的量子了，即光子，但关于这个新理论也有许多相关问题，问题虽然很明显，但在20世纪的整个二三十年代仍未得到解决。例如，当一个电子在一个原子中的能级之间移动时，它究竟是如何发射一个光子的呢？关于这一点，当一个光子被一个电子吸收并使电子能够跃迁到更高的能级时，光子又会发生什么呢？在原子过程中，很明显可以出现和湮灭光子，至于这些情况是以什么样的方式发生，迄今为止，我们在本书里遇到的“老式”量子理论中并未得到揭示。

在科学史上，有许多充满传奇色彩的科学聚会，这些会议似乎毫无悬念地改变了科学的进程。与会者通常已多年从事某个方面的研究，从这个意义上来讲，这些科学会议也可能并没有起到很明显的改变作用。但与大多数会议不同的是，1947年6月在纽约长岛举行的避难岛会议（the Shelter Island Conference）提炼出了一些特殊的科研成果。单是与会者名单就值得我们反复念诵了，因为名单虽然简短，但仍汇集了20世纪美国物理学界最伟大的人物。以字母顺序排列如下：汉斯·贝特（Hans Bethe）、大卫·博姆（David Bohm）、格雷戈瑞·伯烈特（Gregory Breit）、卡尔·达罗（Karl Darrow）、赫曼·费什巴赫（Herman Feshbach）、理查德·费曼（Richard Feynman）、亨德里克·克拉默斯（Hendrik Kramers）、维利斯·兰姆（Willis Lamb）、邓肯·麦克因斯（Duncan MacInnes）、罗伯特·马沙克（Robert Marshak）、约翰·冯·诺伊曼（John von Neumann）、阿诺德·诺德西克（Arnold Nordsieck）、J. 罗伯特·奥本海默（J. Robert Oppenheimer）、亚伯拉罕·派斯（Abraham Pais）、莱纳斯·鲍林（Linus

Pauling)、伊西多·拉比（Isidor Rabi）、布鲁诺·罗斯（Bruno Rossi）、朱利安·施温格（Julian Schwinger）、罗伯特·塞伯尔（Robert Serber）、爱德华·泰勒（Edward Teller）、乔治·乌伦贝克（George Uhlenbeck）、约翰·哈斯布鲁克·范弗莱克（John Hasbrouck van Vleck）、维克多·韦斯科普夫（Victor Weisskopf）和约翰·阿奇博尔德·惠勒（John Archibald Wheeler）。读者已经在本书中遇见过其中一些名字，只要是物理系的学生可能已经听说过他们中的大多数人。美国作家戴夫·巴里（Dave Barry）曾经写道："如果你必须用一个词来指出，为什么人类还没有实现并且将永远无法实现其全部潜能的原因，那个词就是开会。"这种说法无疑是正确的，但纽约避难岛会议是个例外。会议一开始的发言，就是后世众所周知的"兰姆移位"（the Lamb shift）。通过采用第二次世界大战期间开发的高精度微波技术，维利斯·兰姆发现，氢的光谱其实并不像老式的量子理论中所描述的那样。在已观察到的能级中存在着一个微小的能级差，在本书中我们迄今所讨论过的理论还不能解释这一现象。它是一个很小的影响，但这是向理论家们提出的一个精彩的挑战。

避难岛会议就谈到这里，我们再来看看会议后的几年内提出的一些新理论。通过这样做，我们将发现"兰姆移位"是怎么来的，但为了吊一吊你的胃口，这里先给出一个神秘的答案：氢原子内不仅仅只有质子和电子。

量子电动力学的理论解释了荷电粒子，例如电子，是如何相互作用的，它们又是如何跟光粒子（光子）相互作用的。这个理论本身就足以解释除了引力和核现象以外的所有自然现象。稍后，我们会把注意力投向核现象，并解释为什么虽然原子核是由一大群带正电的质子和电荷为零的中子组成却可以聚集在一起，没有某些亚核参与时，在一个电斥力的瞬间这些粒子都会飞散开来（分崩离析）。显然，你所看见的和你所感觉到的、在你身边发生的一切现象，都由量子电动力学在已知的最深层面上给出了解释。物质、光、电和磁，都是量子电动力学探讨的对象。

让我们先来探索一个我们已经在本书中遇见过多次的系统：包含一个单一电子的世界。第42页的"时钟跃迁"（clock hopping）图中的小圆圈，说明了在某一刻可能出现电子的各个位置。为了推断出稍后能在某些X点发现电子的概率，我们的量子规则认为，容许电子从每一个可能的起点跳到X点。每一跳都向X点传递了一个时钟，我们将这些时钟加起来就完成了任务。

现在我们要做的事情可能乍一看有点过于复杂，当然我们有一个很好的理由来做这件事。它将涉及到一些A、B和T。换句话说，我们要一头扎进“软呢外套和粉笔灰”的世界里（作者在这里指的是需要在黑板上进行很多运算。穿着软呢外套在黑板上用粉笔进行运算可能是当代物理学家的经典形象。译注）；它不会持续太长时间。

当一个粒子从A点（时间为0）到达B点（时间为T），通过将A点的时钟往回拨可以计算出B点的时钟，具体回拨的程度取决于B到A点的距离和时间间隔T。用字母来代替，我们可以写成，B点的时钟是取决于C（A，0）P（A，B，T），在这里C（A，0）代表时间为零时的初始时钟，P（A，B，T）代表从A到B点跃迁相关的时钟转动和收缩规则。[1]我们应该把P（A，B，T）称为从A到B点的“传播者”。一旦我们知道了从A到B点的传播规律，然后我们就可以准确地计算出在X点找到粒子的概率。在图4.2给出的例子中，我们有许多初始出发点，所以我们必须要从它们中的每一个点传播到X点，再把由此得出的所有时钟相加。通过这个看似过分精细的标示法，由此得出了时钟C（X，T）=C（X1，0）P（X1,X，T）+C（X2，0）P（X2，X，T）+C（X3，0）P（X3，X，T）+…。在这里，X1，X2和X3，等等，代表了时间为零时粒子的所有位置（即图4.2中小圆圈的位置）。说得再清楚一点，C（X3，0）P（X3，X，T）只是意味着“记录下X3点的一个时钟，并将它在时间T时传播到X点”。不要误以为我们正在做的事情有什么棘手的。我们要做的是用一种神奇的字母缩写法，记录下我们已经了解的东西：“记录下时间为零时在X3点的时钟，并算出它要转动和收缩多少，让它对应于T时间后某个从X3点到X点的粒子，然后再对所有其他时间为零的时钟重复这一过程，最后根据时钟叠加规则（the clock-adding rule）把所有的时钟加到一起。”想必你也会觉得这种说法有点拗口，使用标记法可以让它变得简单。

我们当然可以将“传播者”视为时钟转动和收缩规则的体现。我们也可以把它视为一个时钟。为了对这一大胆的声明加以澄清，试想如果我们肯定地知道一个电子在时间T=0时位于A点，并用一个指向12点的大小

[1] 传播者同样会收缩时钟，以确认在时间T时在宇宙的某个地方找到粒子的概率为1。

为1的时钟来描述。我们可以使用第二个时钟来描述这种传播行为，这个时钟的大小是初始时钟需要收缩的量，它的时间代表了我们需要拨动的量。例如，如果从A跳到B点需要将初始时钟收缩5倍，并回拨2小时，那么传播者P（A，B，T）可以用一个时钟来代表，它的尺寸是1/5，即0.2，读数为10点钟（因为从12点起回拨2个小时就是10点）。可以通过将A点的初始时钟“乘”以传播者的时钟，就得到了B点的时钟。

此外，了解复数的人都知道，C（X1，0）和C（X2，0）都可以通过一个复数来表示，P（X1，X，T）和P（X2，X，T）也可以，而且可以根据将两个复数相乘的数学定理来将它们组合起来。如果不知道复数，也没关系，因为使用时钟来描述一样准确。我们所做的只是引入时钟转动规则（the clock-winding rule），这是一个略有不同的思维方式：我们可以使用另一个时钟来转动和收缩时钟。

我们可以自由设计时钟乘法规则（clock multiplication rule）完成这项工作：将两个时钟的大小相乘（1×0.2=0.2），将两个时钟上的时间组合，例如，我们将第一个时钟拨动，拨动的量为时钟（12点）减去时钟（10点）=2小时。这听起来好像我们有点过于苦心了，并且在仅仅讨论一个粒子时这显然是不必要的。但物理学家是“懒惰”的，除非从长远来看这样做可以节省时间，否则他们是不会这样麻烦的。稍稍使用一下标记法被证明是一个非常有用的方式，可以在讨论多个粒子这种有趣现象（例如氢原子）的时候，记录下所有的拨动和收缩。

不管细节如何，为了计算在宇宙中某处发现一个孤独粒子的概率所使用的这个方法中，有两个关键要素。首先，我们需要详细说明初始时钟的阵列，其中包含的信息是粒子在时间为零时可能在哪个点被发现。其次，我们需要知道传播者P（A，B，T），它本身就是一个时钟，代表着一个粒子从A点跃迁到B点时收缩和转动的规则。一旦知道了任何“起点-终点对”所对应的传播者，就可以知道需要知道的一切，我们就可以满怀信心地得出只含有一个单个粒子宇宙的无比呆板的动力学。但我们不应该这样贬低动力学，因为如果在游戏中引入粒子的相互作用，那么事物的这种简单状态也不会变得有多复杂。那么现在让我们开始吧。

图10.1用绘画的形式阐释了我们想讨论的所有关键概念。这是我们第一次遇到费曼图（Feynman diagrams），它是专业粒子物理学家使用的计算工具。我们的任务是，找出在某个时间T，在X点和Y点发现一对电子的

概率。我们以时间为零时电子的位置作为起点，即，它们初始的时钟群是什么样子。这是重要的，因为能回答这类问题就相当于能够知道“在含有两个电子的宇宙中发生了什么”。这句话听起来好像并不算很大的进步，但是一旦我们明白了这个，世界就尽在我们的掌握之中了，因为我们将知道构成宇宙的基石是如何相互作用的。

为了简化图片，我们只画出了一维空间，时间的进展是从左到右的。这一点也不会影响我们的结论。我们先来描述图 10.1 中的第一张图。T = 0 处的小圆点对应的是时间为零时两个电子可能的位置。为了更好地进行说明，我们假定，上面的电子可以位于三个地点的其中之一，而下面的电子可以在两个位置的其中之一（在现实世界里，我们必须面对的情况是，电子可以在无限多可能的地点出现，但我们即使把墨水都用光，也无法把这些情况全部画出来）。上面的电子稍后跳到 A 点，同时它做了一件有趣的事情。它发射了一个光子（用波浪线来表示）。光子随后跳到 B 点，在那儿它被其他电子吸收。然后，上面的电子从 A 跳到 X 点，同时下面的电子从 B 跳到 Y 点。原来的电子对有无数种方式来到达 X 点和 Y 点，这仅仅是其中的一种。可以为这整个过程关联一个时钟——让我们称之为“时钟 1”或简称为 C1。量子电动力学的任务是为我们提供游戏规则，使我们能够推断出这个时钟。

在开始讨论细节之前，让我们大致描述一下，这是如何成功的。最上面的图片代表了初始电子对到达 X 点和 Y 点的无数种方式中的一种。其他图片代表其他一些方式。关键的是，对于每一种可能的方式，我们都需要确定一个量子时钟——在一长串的时钟队列里，C1 是第一个。[2] 在得出所有的时钟并将它们叠加到一起后，获得一个“主”时钟。这个主时钟的大小（平方数）告诉了我们在 X 和 Y 点找到电子对的概率。于是，我们再一次设想，电子并不是经由一个特定的路线到达 X 点和 Y 点的，而是通过相互散射开来的一切可能方式到达的。如果我们看看最后的几张图，我们可以看到各种更为复杂的电子散射的方式。电子不仅交换光子，它们本身还能够发射一个光子和再次吸收一个光子，而在最后的两张图里，发生了很奇怪的事情。这些图片显示，一个光子似乎发射了一个电子，这个电子“绕了一圈”之后结束时又回到了起点——稍后我们会就这个进行解释。

---

[2] 当我们在第 7 章谈论泡利不相容原理时，我们遇到过这个概念。

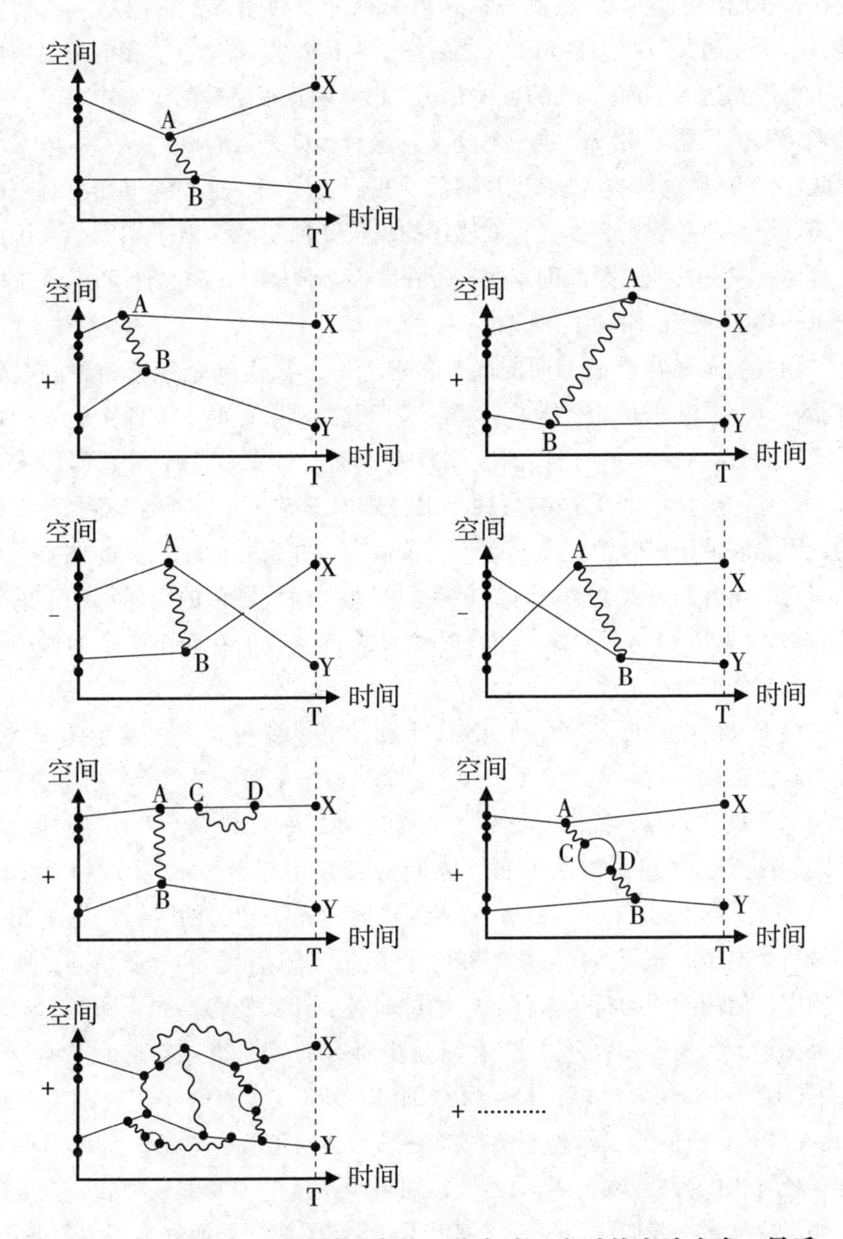


图 10.1　一对电子可以散射开来的一些方式。电子从左边出发，最后总是在时间 T 到达同一对地点 X 和 Y。这些图对应的是粒子到达 X 和 Y 点可以采取的一些不同方式。

现在，我们可以简单地想象一系列越来越复杂的图像，它们对应的情况是，电子发射并吸收大量光子，之后终于到达 X 点和 Y 点。我们需要考虑电子可以到达 X 点和 Y 点的各种方式，但有两点很明确的规则：电子只能跳来跳去，只能发射或吸收一个光子。这其实就是所有的内容了；电子可以跃迁，也可以分支。进一步观察后，我们会发现，这些图里面没有一幅图违反了这两条规则，因为它们描述的仅仅是涉及两个电子和一个光子的结合体，没有其他更复杂的东西。现在我们必须解释，怎么计算图 10.1 中的每一幅图对应的时钟。

让我们先来看看最上面的图片，解释一下如何确定和它相关的时钟（时钟 C1）看起来是什么样的。就在这个过程刚开始时，有两个电子在那里，它们各有一个时钟。我们应该首先根据时钟乘法规则将它们相乘起来，得到一个新的、单一的时钟，用符号 C 来表示。将它们相乘是正确的，因为应该记得时钟实际上就代表了概率，如果有两个独立的概率，那么将它们结合的方式就是将它们相乘。例如，两枚硬币的正面都朝上的概率为 1/2 ×1/2 =1/4。同样，组合时钟 C 告诉了我们在两个电子的初始位置找到它们的概率有多大。

接下来的就是更多的时钟相乘。上面的电子跳到 A 点，因此有一个相关的时钟；让我们称它为 P（1，A）（即“粒子 1 跳到 A 点”）。同时，下面的电子跳到 B 点，我们对此也有一个时钟，称为 P（2，B）。同样，电子跳到终点也对应了两个时钟，我们将其标记为 P（A，X）和 P（B，Y）。最后，我们也有一个和从 A 跳到 B 的与光子相关的时钟。由于光子不是一个电子，光子传播的规则和电子传播的规则可能会有所不同，所以我们应该使用不同的符号来代表它们的时钟。让我们将与光子跃迁对应的时钟标记为 L（A，B）。[3] 现在只是把所有的时钟相乘起来，得到一个“主”时钟：R = C ×P（1，A）×P（2，B）×P（A，X）×P（B，Y）×L（A，B）。我们的工作差不多快要完成了，但仍有一些额外的时钟收缩需要统计，因为根据量子电动力学，如果要知道电子发射或吸收一个光子时会发生什么，我们应该引入收缩因子 g。在图中，上面的电子发射光子，

---

〔3〕这是一个技术点，因为我们在本书中使用的时钟转动和收缩规则不包括狭义相对论的影响。如果要包括这个影响，在描述光子时就必须总是包括这个影响，那么电子和光子的时钟转动规则将是不同的。

下面的电子吸收这个光子——这样就有两个收缩因子，即 $g^2$。现在工作才是真的完成了，最终的"时钟1"可以通过计算 $C1 = g^2 \times R$ 获得。

收缩因子 g 看起来带有一点任意性，但关于它有一个非常重要的物理学解释。它显然和一个电子发射一个光子的概率相关，并且这代表了电磁力的强度。在我们的计算中，我们需要引入一个与现实世界相关的因素，因为我们计算的是真实的东西，就像牛顿万有引力常数 $G$ 蕴含着一切和引力强度有关的信息一样，因此 g 蕴含着所有和电磁力强度有关的信息。[4]

如果实际做完整的计算，我们现在把注意力转向第二张图，它代表的是初始电子对能够到达同一个 X 点和 Y 点的另一种方式。这对电子是从同一个地方出发的，在这一点上第二张图和第一张图非常相似，但现在光子是上面的电子在某个不同的空间点和某个不同的时间点上发射的，它也是被下面的电子在另一个空间点和另一个时间点上吸收的。除非这些过程是以完全相同的方式进行的，否则我们会得到第二个时钟，即"时钟2"，用 C2 来指代。

然后，对于可以发射出光子的任何一个和每一个可能的地方，以及它可以被吸收的任何一个和每一个可能的地方，我们继续一再重复刚才的整个过程。我们还应该考虑这一事实，即，电子可以从许多不同的起始位置开始行动。关键的想法是，任何一种和每一种传递电子到 X 和 Y 点的方式都需要得到考虑，而且每一种方式都有一个与它关联的时钟。一旦我们收集齐了所有的时钟，我们"简单地"将它们叠加到一起，得出的最后一个时钟的大小就会告诉我们在 X 点发现其中一个电子和在 Y 点发现另一个的概率有多大。然后我们的工作就完成了——我们那时将会明白，两个电子是如何相互作用的，因为没有什么能比概率计算更好的了。

我们刚才所描述的实际上是量子电动力学的核心内容，并且自然界中的其他力量承认这种简单的令人满意的描述。我们稍后会讨论那些其他力量，但我们现在还需要发现一点更多的东西。

首先，在这里，我们将描述两个虽然微小但却非常重要的细节。

**细节1**：我们忽略了这样一个事实，即电子有自旋，因此它被分为两种类型，从而简化了事情。不仅如此，光子也有自旋（它们是玻色子），分为三种类型。这就使得计算有点混乱，因为我们需要掌握在跃迁和分支

[4] g 和微细结构常数 $\alpha = g^2/4\pi$ 相关。

的每一个阶段，我们所研究的那些光子和电子到底是什么类型的。

**细节2**：如果你已经仔细阅读，你会注意到图10.1中有几个图片的前面有一个小减号。我们画上减号的原因是，因为我们谈论的是相同的电子以它们的方式跃迁到X和Y点，带有减号的两幅图对应的是一个电子的互换（相对于其他图片），也就是说，一个电子从上面的某一个“点群”开始最终到达Y点，而其他一个位于下面的电子则最终到达X点。正如我们在第7章里谈论过的，这些互换式的结构只有在将它们的时钟额外拨动6小时后才能进行结合——这就是加上减号的原因。

你也可能发现，我们的方案可能存在一个漏洞——有无数的图解来描述两个电子是如何到达X和Y点的，并且把无数的时钟叠加起来这项工作至少可以说是看起来非常繁重的任务。幸运的是，一个光子-电子分支的每一次出现引入了另一个因子g到计算中，这会导致时钟大小的收缩。这意味着，图越复杂，导致的时钟就越小，当我们把所有的时钟叠加在一起时，这个时钟在其中的重要性就越低。对量子电动力学而言，g是一个相当小的数字（大约为0.3），因此随着分支数目的增加，收缩也会相当严重。通常，只考虑像图10.1中的头5张图片那样的图就足够了，这些图里的分支不多于两个，这样就节省了大量艰苦的工作。

这种为每一个费曼图计算时钟（专业术语称为“振幅”，amplitude）的过程，将所有的时钟叠加到一起得到一个最终的时钟，这个时钟的平方数就是这个进程发生的概率，这个方法是现代粒子物理学所使用的基本方法。但是，有一个有趣的问题隐藏在我们所说的这些表面之下，有些物理学家深受这个问题的困扰，有些物理学家却根本不受影响。

## 量子测量问题

当我们将对应不同费曼图的时钟叠加到一起时，我们应该考虑到量子干涉的大量存在。例如在双缝实验的情况下，我们必须考虑粒子到达屏幕的旅程中所有可能通过的路线，我们必须考虑一对粒子从它们的出发点到最终目的地所有可能采取的方式。因为它容许不同的图之间的干涉，这样我们才能计算出正确答案。只有在该过程结束时，所有的时钟已经叠加在一起，所有的干涉都被考虑到之后，我们才能得出最终时钟大小的平方数，并计算出该过程发生的概率。这很简单。但请看图 10.2。

如果我们试图确定，在电子跳到 X 点和 Y 点时，它们正在“做”些什么，又会发生什么现象呢？我们可以探索的唯一途径，就是根据游戏规则与系统发生互动。在量子电动力学中，这意味着我们必须遵守电子-光子分支规则（the electron-photon branching rule），因为没有其他什么可以遵循的了。那么，就让我们与从一个电子或其他电子发射的其中一个光子来进行相互作用，使用我们自己的光子探测器来进行检测，那就是我们的眼睛。注意，我们现在提出了一个和理论相关的不同问题：“同时在 X 点发现一个电子，在 Y 点发现另一个电子，又用我的眼睛去发现一个光子，这种事情的概率有多大?”我们知道该做些什么才能得出答案。我们应该把所有不同图对应的时钟叠加在一起，在这些图里，开始时是两个电子，结束时是两个电子中一个在 X 点，另一个在 Y 点，同时一个光子还“在我的眼”里。更精确地说，我们应该谈谈，光子是如何和我的眼睛相互作用的。虽然一开始可能很简单，很快就会变得复杂。例如，光子散射出的一个电子到达我眼睛里的一个原子，这将引发一连串的活动，最终导致我对这个光子的感知，我意识到光在我的眼睛里一闪烁。因此，要想全面地描述发生了什么，就必须详细说明，随着对光子的到来作出的响应，涉及到我大脑中的每一个粒子所处的具体位置。我们正在不断接近所谓的“量子测量问题”。

到目前为止，我们在本书中详细描述了如何计算量子物理学中的概率。我们指的是，如果进行实验，量子理论可以帮助我们计算得出某些特定测量结果的几率。在这个过程中，没有任何模棱两可的地方，只要我们遵照游戏规则，只计算某些事情发生的概率。然而，还是有一些让人感到并不轻松的地方。假设一个实验者正在做一个试验，该试验只有两个结果，“是”和“否”。现在想象我们正在进行实验。实验者记录下的结果要么为“是”，要么为“否”，显然不能在同一时间得出两个结果。到目前为止，进展还算顺利。

现在想象一下接下来由第二个实验者对其他一些东西进行测量（是什么并不重要）。我们将再次假设这是一个简单的实验，其结果是“点击”或“没有点击”。量子物理学的原理决定了，我们必须通过将与所有导致这一结果的可能性相关的时钟相加，才能计算出第二个实验的结果为“点击”的概率。现在，这种可能性还应该包括，第一个实验结果为“是”时

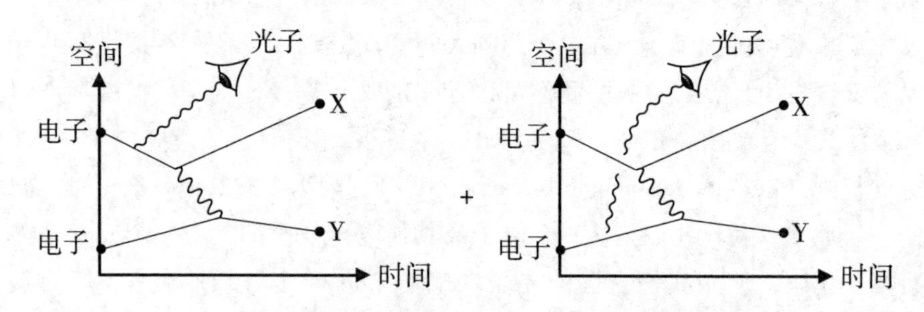


**图 10.2　从人眼的角度来看正在发生的事情。**

的条件和结果为“否”时的互补的情况。只有在总结这两种情况后，我们才能得到正确答案，才能计算出第二个实验测量结果为“点击”的概率。真是这样吗？我们真的要相信这么一种概念，即，甚至在一些测量得出结果后，我们还应该保持世界的相干性（coherence）吗？或者是这样一种情况，即，一旦我们在第一个实验中测出结果为“是”或“否”，那么将来就只能依赖这个测量结果？例如，这就意味着，在第二个实验中，如果第一个实验者的测量结果为“是”，那么第二个实验结果为“点击”的概率不应通过从“是”和“否”得出一个相干性的总和来计算，而是应该只考虑以何种方式将“第一个实验者测量结果为‘是’”的世界发展为“第二个实验的结果为‘点击’”的世界。我们与总结“是”和“否”结果的情况相比，这显然会导致不同的答案，并且如果我们要宣称自己真的完全理解了事物的本来面目，就需要知道哪些是应该做的事。

想要知道哪些是应该做的，就应该确定测量过程本身是否有什么特殊之处。它是否改变了世界并使我们不需要再将量子振幅叠加，或者测量过程就是一个永远处在相干性叠加态的庞大复杂的概率网络的一部分？我们人类可能认为，现在进行测量（假设结果为“是”或“否”）将无可挽回地改变未来，如果这是真的，那么未来的测量就不可能同时按照“是”和“否”两种路线进行。但目前尚不清楚情况是否如此，因为总是存在某种可能，可以通过“是”或“否”两条路线中的某一条到达宇宙的未来状态。根据量子物理学原理字面上的意思，我们别无选择，只能通过总结“是”和“否”两条路线来计算这些状态出现的概率。虽然这可能看似奇怪，但没有什么比我们在这本书里一直在做的总结历史更奇怪的了。总而言之，我们非常认真地对待这个想法，甚至准备在人类及其行动这一层面上去实施它。从这个角度来看，不存在“测量问题”。只有当我们坚持认为测量得出“是”或“否”的行为真的会改变事物本质时，我们才会遇到问题，因为正是在这个时候，我们才有义务去解释到底是什么触发了改变并且破坏了量子相干性。

我们讨论的这种量子力学使用的方法，反对某种观点，即，每次有人（或事）“进行测量”时，自然界会选择某一个特定版本的现实。这种方法构成了我们常说的“多世界”阐释的基础。如果人们对主宰基本粒子行为的定理非常重视，因此用它们来描述所有的现象，那么就会产生“多世界”阐释这种逻辑后果。这种观点是非常有吸引力的。它的含义也是深远的，因为我们将设想，宇宙实际上是所有可能发生的事情的相干性叠加，世界在我们眼中呈现出某种模样（连同它那些表面上具体的现实），仅仅是因为我们每次在“测量”时误以为这种相干性已经不复存在了。换句话说，我们对世界的有意识感知是特定的，因为另一种历史（它的干涉是潜在的）不太可能导致相同的“现在”，这就意味着量子干涉可以忽略不计。

如果测量并不会真正破坏量子相干性，那么，在某种意义上，我们的生活是在一个巨大的费曼图中进行的，并且我们倾向于认为，正在发生的特定事情其实是我们对世界原始感知的后果。真的可以想象，在将来的某个时间有可能发生一些事情，前提是我们在过去完成过两件相反的事情。显然，影响是微妙的，因为“得到工作”和“没得到工作”这两件事情对我们生活的影响截然不同，我们不能简单地想象这样一个场景，即这些事情导致了相同的未来宇宙（记住，我们应该只增加导致相同结果的振幅）。所以在这种情况下，“得到工作”和“没有得到工作”并不会对彼此产生太多的影响，并且我们对世界的感知就像是发生了某件事而不是其他事。不过，事情变得越来越模棱两可，两种替代性的场景就越来越缺乏戏剧性，正如我们已经看到的，对于少量粒子的相互作用，将不同的概率加在一起是绝对必要的。日常生活涉及到大量的粒子，这意味着某些时候原子的两种截然不同的配置（例如，“得到工作”和“没有得到工作”），对未来的某些场景不太可能产生明显的干涉作用。反过来，这意味着我们可以继续假装认为测量导致世界发生了不可逆转的变化，即使实际上什么都没有发生。

如果我们实际进行一项实验，面对计算某些事情将发生的概率这一严肃的任务时，以上这些思考并不具有紧迫的重要意义。对于这项试验，我们了解规则，我们可以实施规则而没有任何问题。但这种乐观的情形在某一天可能改变——因为现在有一个问题，即，我们的过去怎么会通过量子干涉影响到未来，就根本无法借助实验得到答案。关于量子理论所描述的世界（或多世界）“真正本质”的思考，到底会在何种程度上减缓科学的进步，这一问题可以通过“闭上嘴，多计算”这一物理学院派采取的立场得到回答，这种立场巧妙地驳回了任何谈论事物现实性的企图。

## 宇量宙子 反物质

让我们回到这个世界上来，图 10. 3 显示了两个电子可以彼此散射开来的另一种方式。一个进来的电子从 A 点跳到 X 点，在那里它发射了一个光子。到目前为止，一切都挺顺利。但是现在，电子在时间轴上往回移动并到达 Y 点，在那里它吸收了另一个光子，然后在时间轴上向前移进入未来，最终可能会在 C 点被检测到。这个图并不违反跃迁和分支规则，因为电子发射和吸收光子都是按照理论的规定来进行。根据规则，可以发生这些，就像本书的标题也表明了，如果可能发生，那么它一定会发生。但是，这种行为似乎违反了常识的规则，因为我们这样就是在认为，电子可以在时间上倒流旅行。这倒是不错的科幻小说题材，但违反因果定律是无法构建宇宙的。它似乎也导致量子理论和爱因斯坦的狭义相对论发生了直接冲突。

值得注意的是，这种亚原子粒子的时间旅行的特殊类型并非不可能，就像狄拉克在 1928 年已经发现的那样。如果我们从“沿时间轴前进”的角度来重新阐述图 10. 3 中的活动，可以得到一个暗示，即，这一切可能不像它表面上看起来那样是错误的。我们将从左至右地跟踪图中发生的活动。让我们从时间 T = 0 开始，那时的世界里只有两个电子，各位于 A 点和 B 点。我们继续探讨只包含两个电子的世界，直到时间 $T_1$，在这个时间点位于低位的电子发射了一个光子；在时间 $T_1$ 和 $T_2$ 之间，世界现在包含两个电子加一个光子。在时间 $T_2$，光子消失，取而代之的是一个电子（最终到达 C 点）和另一个粒子（最终到达 X 点）。我们不想将第二个粒子称为一个电子，因为它是“一个逆时间运动的电子”。问题是，从一个像你这样顺时间前进生活的人的角度来看，逆时间运动的一个电子看起来会是什么样的呢?

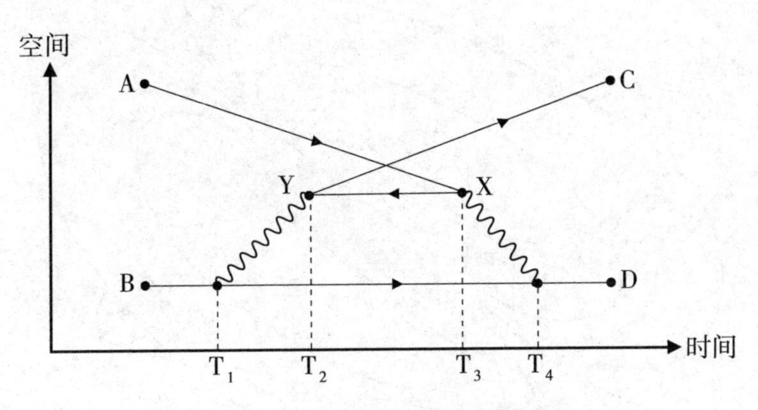


**图 10.3　反物质……或一个电子逆时间运动。**

要回答这个问题，让我们假设正在拍摄一些一个电子运动的连续镜头。这个电子在磁铁的附近运动，如图 10.4 所示。假定电子移动的速度并不太快,[5] 它通常会作绕圈运动。电子在磁铁的影响下会发生偏转，正如我们之前说过的，这个概念是老式显像管电视机构造的基本原理。更棒的是，它还是包括大型强子对撞机在内的粒子加速器的基本原理。现在，想象我们将拍摄到的电子运动的连续镜头向回倒放。这就是从我们“顺时间前进”生活的角度出发，“一个电子逆时间运动”看起来会是什么样的。随着影像的播放，现在我们可以看见，“逆时间运动的电子”朝着相反的方向绕圈。从一位物理学家的角度来看，这个逆时间播放的视频看起来完全像一个顺时间拍摄的视频，拍摄的这一个粒子在任何方面和一个电子都完全相同，除了粒子似乎带正电荷这一点之外。现在我们的问题有了答案：对我们来说，电子的逆时间旅行，看起来就像是“带有正电荷的电子”。因此，如果电子真的逆时间旅行，那么我们很可能遇到的是“带正电荷的电子”。

这种粒子确实存在，它们被称为“正电子”（positrons）。它们是由狄拉克在 1931 年初引入的，是为了解决他的与电子有关的量子力学方程的问题。也就是说，这个方程似乎推断出存在一种带有负能量的粒子。后来，

[5] 这是一个技术点，为了确保电子在四处运动时受到的磁力大致相同。

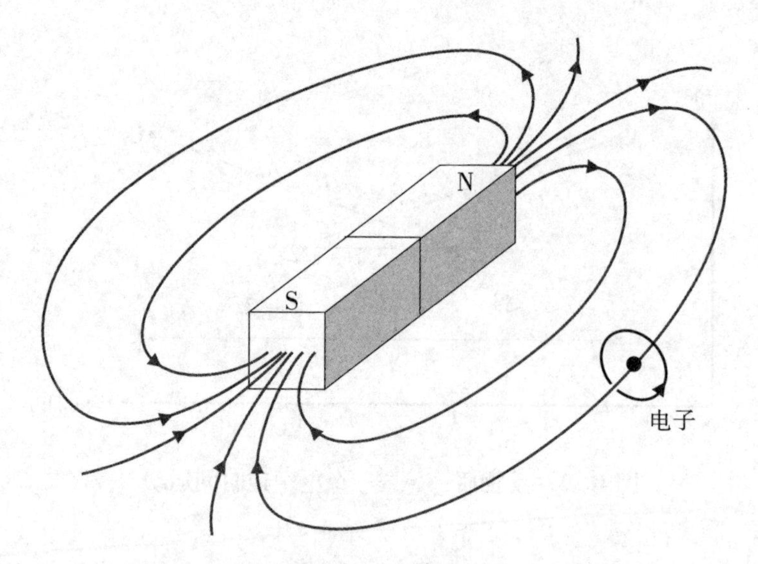


**图 10.4　在一个磁铁附近绕圈的一个电子。**

狄拉克就他的思维方式——特别是对于他所使用的数学方法是完全正确的这一坚定信念——提出了一个精彩的观点："我接收了这个事实，在数学理论里不能排除负能量态，因此我觉得，我们可以试着从物理学的角度为它们找一个合理的解释。"

仅仅一年后，在显然不知道狄拉克已经作出预测的情况下，卡尔·安德森（Carl Anderson）在观察宇宙射线粒子时，在他的实验仪器里看到了一些奇怪的轨迹。他的结论是："似乎有必要引入一个正电荷的粒子的概念，它的质量和一个电子差不多。"再一次地，数学推理的奇妙之处得到了验证。为了使一个数学算式得到合理解释，狄拉克引入了一个新的粒子概念——正电子。几个月后，人们发现，高能量宇宙射线的碰撞会产生这种正电子。正电子是我们首次遇到的科幻小说的常见场景：反物质。

将顺时间运动的电子称为正电子，有了这个解释，我们就可以完成对图 10.3 的说明。我们可以说，当一个光子在时间 $T_2$ 到达 Y 点时，它分裂成一个电子和一个正电子。每一个都顺时间运动，直到时间 $T_3$，这时正电子从 Y 点到达 X 点，在这里它与原来位于上部的电子合并产生第二个光子。这个光子传输至时间 $T_4$，这时它被位于下部的电子吸收。

这可能听起来有点牵强：我们的理论中之所以出现了反粒子，是因为我们容许粒子逆时间运动。我们的跃迁和分支规则容许粒子经过一段时间之后往前和往后跃迁，尽管我们可能持有偏见认为这是不容许的，事实证明，我们不能防止——实际上是必须容许——它们这样做。相当具有讽刺性的是，最终我们发现，如果我们不容许粒子逆时间往回跳，我们就将违反因果定律。这很奇怪，因为事情看起来好像不应该是这样的。

事情可以正常运转并不是偶然的，它的背后是深层次的数学结构。事实上，你在阅读本章时可能有种感觉，分支和跃迁规则看似很随意。我们可以制定一些新的分支规则，并调整跃迁规则，然后再看看结果会怎么样？很好，如果我们这样做，我们几乎肯定会建立一个无法支撑的理论——比如说，它肯定会违反因果定律。量子场论（QFT）就是这个更深层次的数学结构的名字，这个结构是跃迁和分支规则的基础，它之所以了不起，是因为它是建立关于微小粒子的量子理论、同时不违反狭义相对论的唯一途径。有了量子场论的帮助，跃迁和分支规则就成了一个固定的规则，我们就失去了选择的自由。对于那些追求基本定律的人而言，这是一个很重要的结果，因为使用“对称”来去掉多余的选择会造成一种印象，即，宇宙就应该“是这样”的，感觉就像是我们在认知方面获得了进步。我们在这里使用了“对称”这个词，这是适当的，因为爱因斯坦的理论可以被视为对在空间和时间结构上设置了对称性限制条件。其他“对称”进一步限制了跃迁和分支规则，我们将在下一章简要介绍这些限制条件。

在结束量子电动力学（QED）的话题之前，我们有一个最后的问题还没有得到解答。如果你还记得，避难岛会议的开场发言是关于兰姆移位的，氢谱的异常无法用海森堡和薛定谔的量子理论来进行解释。在持续一个星期的会议期间，汉斯·贝特第一个对这个问题给出了近似的计算答案。图 10.5 说明了怎样使用量子电动力学的方法来描绘一个氢原子。电磁的相互作用使质子和电子结合在一起，这种相互作用可以通过一系列渐趋复杂的费曼图来表示，正如我们在图 10.1 中所看到的，两个电子相互作用的情况也是如此表示的。在图 10.5 中，我们已经大致画出了两个最简单的图。在量子电动力学出现之前，电子能级的计算只包括图中上面的一幅图，它反映了一个电子被困在质子产生的势阱中的物理现象。但是，我们已经发现，在这种相互作用中，还有许多其他的事情可能发生。图 10.5 中的下面一幅图，显示了光子短暂地波动并形成一个电子-正电子对，这个过程也必须被包括在可能的电子能级计算之内。这个图以及其他许多图，在计算中形成了对主要结果的微小修正。[6] 汉斯·贝特将图中所示那样的“单圈”费曼图的重要影响也纳入了计算，这样做是正确的，他发现它们略微提高了能级，因此在观察到的光能谱中也作出了详细说明。他的结果和兰姆的测量结果是一致的。换句话说，量子电动力学迫使我们将一个氢原子设想为一个嘶嘶刺耳的亚原子粒子，跳来跳去，出现又消失。兰姆移位是人类第一次直接接触到这些虚无的量子波动。

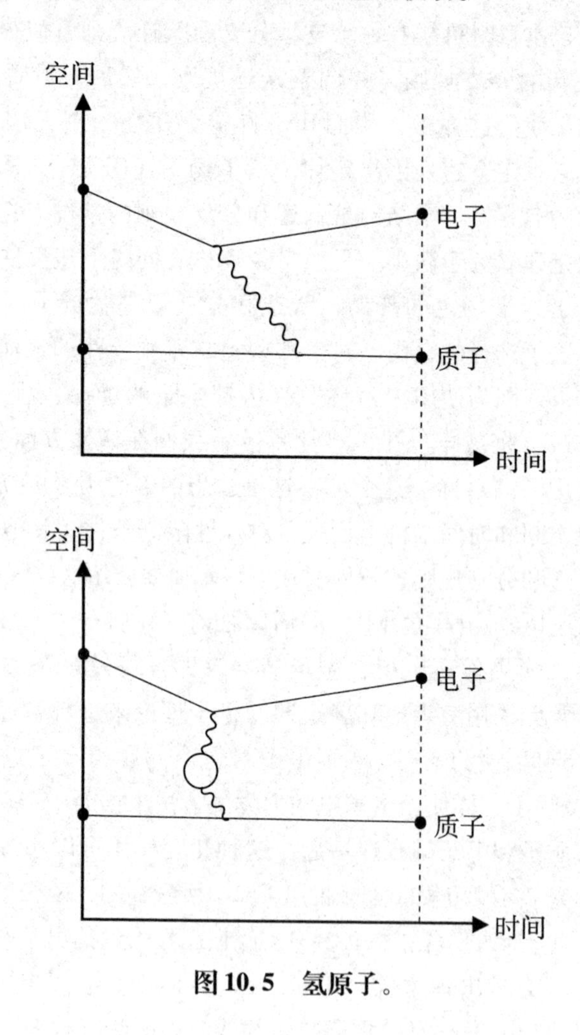


**图 10.5　氢原子。**

〔6〕玻尔在 1913 年首次预期得出的结果。

没过多长时间，另外两位避难岛会议的与会者，理查德·费曼和朱利安·施温格就“接过了接力棒”（取得了一些发现。译注），几年之内，量子电动力学就发展到了我们今天所了解的水平，成为量子场论最成熟的一个分支，也成为了后来相继被发现的描述弱相互作用或强相互作用的某些理论的原型。因为他们的卓越成就，费曼、施温格和日本物理学家朝永振一郎（Sin-Itiro Tomonaga）获得了 1965 年的诺贝尔物理学奖。“他们在量子电动力学领域的基础工作，对基本粒子物理学产生了深远的影响。”我们接下来要谈论的就是这些深远的影响。

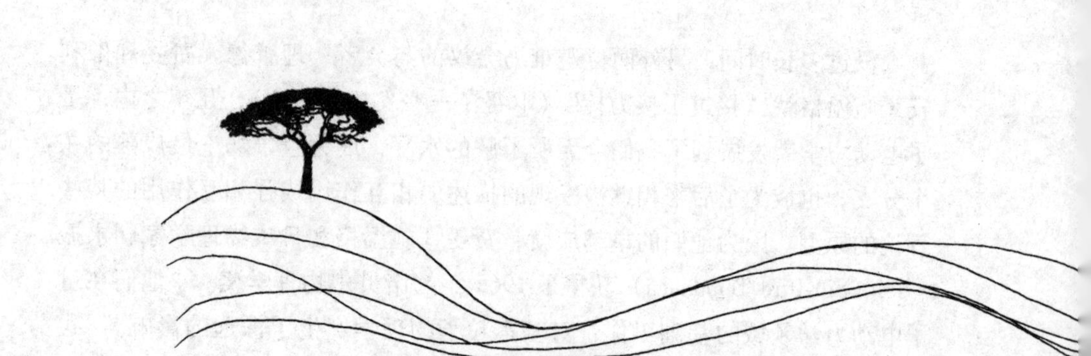

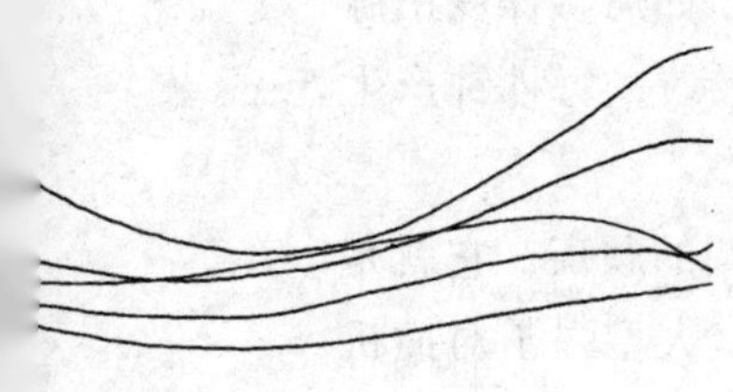

# 11. 空间不空

并非世界上的一切都源自于荷电粒子之间的相互作用。量子电动力学没有对“强核”过程给出解释，正是这个过程将质子和中子内部的夸克结合在一起；它也没有对“弱核”过程作出解释，正是后者使得我们的太阳不断燃烧着。如果我们要写一本关于自然界量子理论的书，就一定要将这些基本的作用力包括在内。所以在深入钻研真空的空间之前，本章将对这些基本的作用力进行探讨。我们会发现，真空是一个有趣的地方，粒子既有可能在其中四处游移，又无时不刻地遇到阻碍。

首先要强调的是，弱核力和强核力的描述所采用的量子场论方法，正是我们在描述量子电动力学时使用的方法。正是在这个意义上，费曼、施温格和朝永振一郎的工作有着深远的意义。众所周知，作为一个整体来看，关于这三种作用力的理论可以被毫不过分地称为粒子物理学的“标准模型”。就在我们写这本书的时候，这个标准模型已经通过世界上最大、最精密的机器——欧洲核子研究中心的大型强子对撞机（LHC）——试验到突破点。之所以采用“突破点”这个说法是对的，因为，在缺乏迄今尚未发现的某些东西的情况下，标准模型不再能够对大型强子对撞机中接近光速的质子碰撞时所涉及到的能量作出有意义的预测。用本书的语言来描述，就是量子规则开始产生指针长度超过1的时钟钟面，这意味着，根据预测的，涉及弱核力的某些过程发生的概率大于100%。这显然是没有意义的，并且它意味着大型强子对撞机必定会发现一些新东西。目前的挑战在于，如何从侏罗山脉的山脚下一百米的地方（大型强子对撞机所在之处。译注），每秒钟产生的几亿个质子的碰撞中发现它。

这个标准模型确实能够提供一个办法来解决概率失调的顽疾，它就是“希格斯机制”（Higgs mechanism）。这个机制是正确的，大型强子对撞机的实验已经发现自然界的另一种粒子，希格斯玻色子（Higgs boson），它的发现将深刻地改变我们对真空空间构成的看法。在本章的后面，我们会探讨希格斯机制，但首先我们应该简单地介绍一下，这个所向披靡然而却不太稳固的标准模型。

## 宇量宙子 粒子物理的标准模型

在图11.1中，我们列出了所有已知的粒子。这些都是我们宇宙的构成部分，在写这本书时，这些就是我们所知的全部粒子了，但我们也期望会有更多的——也许我们将看到一个希格斯玻色子或一个与丰富而神秘的“暗物质”相关的新粒子，这些物质在详细解释宇宙时似乎都是必需的。或者也许是弦理论所预测的超对称粒子，或者是多维度空间特有的卡鲁扎-克莱恩激发（Kaluza-Klein excitations），或是技夸克（techniquark），或是轻子型夸克（leptoquark），或许是其他一些什么。理论推测的数量众多，进行大型强子对撞机实验的科学家们有责任将这个范围缩小，排除错误的理论和指出前进的方向。

你可以看到和触摸到的一切：地球上每一个无生命的机器，每一个生命体，每一块岩石，每一个人；在可见宇宙中的每一颗行星，3 500亿个星系中的每一颗恒星，所有这些都是由图上第Ⅰ列中的4种粒子构成的。你是其中3种粒子的组合：上夸克、下夸克和电子。夸克构成了你的原子核，而且，正如我们已经看到的，电子产生化学作用。第Ⅰ列中剩余的粒子，称为电子中微子（the electron neutrino），你可能不太熟悉，但每秒钟大约有600亿个电子中微子从太阳进入你身体里每平方厘米的区域，并立刻穿

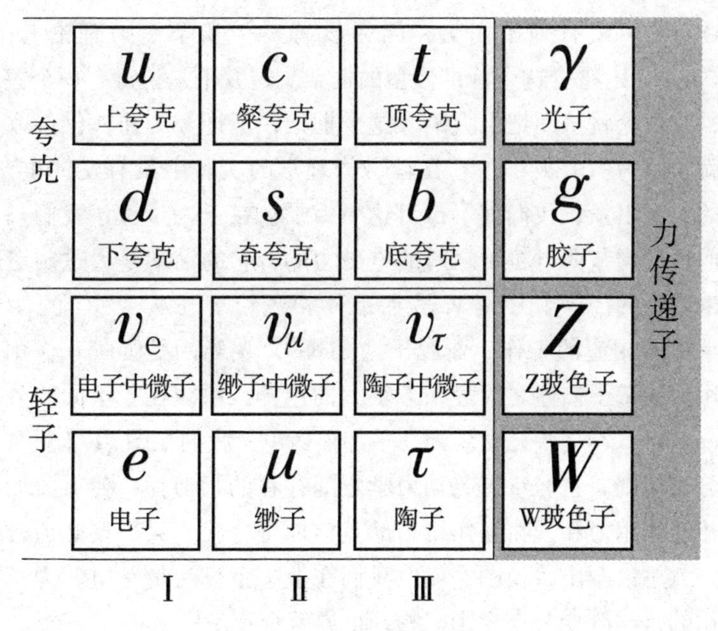


**图 11.1　自然界的粒子。**

过你的身体。它们绝大多数的运动是毫无阻挡地直接穿过你的身体和整个地球，这就是为什么你从未看到或感觉到它们存在的原因。但它们确实存在，正如我们接下来将看到的，它们在为太阳提供能量的过程中发挥了关键作用，正因为这样，你的生活才可能继续。

这 4 种粒子，构成了被称为“第一代物质”的一个组合，连同自然界的 4 个基本作用力，它们似乎就足够建造一个宇宙了。因为某些我们还不了解的原因，自然界不得不为我们提供了下两代粒子——和第一代一模一样，除了粒子更重这个区别之外。图 11.1 中的第Ⅱ列和第Ⅲ列代表了这些粒子。尤其是顶夸克的质量比其他基本粒子大得多。它是 1995 年在芝加哥附近的费米国家实验室的万亿电子伏特加速器（the Tevatron accelerator）里被发现的，并且根据测量，它的质量超过质子质量的 180 倍。为什么顶夸克的形状和一个电子一样也是呈点状的，质量却这么庞大呢，这是一个谜。虽然这些物质的第二代、第三代在宇宙的日常事务中并不发挥直接作用，但它们似乎确实在宇宙大爆炸之后的这一时刻发挥过关键作用……但那是另外一个故事了。

在图 11.1 中，位于最右列的是力传递粒子（the forcecarrying particles）。图中没有列出引力，因为没有一个量子引力理论（quantum theory of gravity）符合这个标准模型的框架。这并不是说没有一个关于引力的理论；弦理论就试图把引力纳入这个框架，但迄今为止，仅仅取得了有限的成就。因为引力很小，它在粒子物理学的实验中没有发挥重要作用，从实用的角度出发，我们就不再讨论引力了。在上一章里，我们知道了光子是如何负责调节荷电粒子之间的电磁力的，它的活动是通过制定新的分支规则来确定的。W 粒子（W 玻色子）和 Z 粒子（Z 玻色子）为弱相互作用力承担着相应的工作，而胶子（gluons）调解的是强相互作用力。对这些作用力的量子描述之间存在着很大的差异，原因在于不同的分支规则（branching rule）。这些分支规则几乎都很简单，我们在图 11.2 里画出了一些新的分支规则。它与量子电动力学之间存在的相似性，使得我们很容易看出弱相互作用力和强相互作用力的基本原理；我们只需要知道分支规则是什么，就可以画出费曼图，就像我们在上一章里为量子电动力学画的那样。幸运的是，改变分支规则，物理世界就全不一样了。

如果这是一本粒子物理学教科书，接下来我们可能会针对图 11.2 中的每一个过程列出分支规则，此外还包括许多其他的过程。这些规则称为费曼规则（Feynman rules），可以使你或借助计算机程序计算某些过程发生的概率，正如我们在上一章中为量子电动力学列举出的那样。费曼规则捕捉到了世界的一些基本特性，通过它可以将它们总结成几个简单的图片和规则。但这不是一本粒子物理学教科书，所以我们会将重点放在图 11.2 右上角的示意图上，因为对于地球上的生命来说，它是一个特别重要的分支规则。它显示了一个上夸克通过发射出一个 W 粒子分支成一个下夸克，这种行为在太阳的核心引发了戏剧性的效果。

太阳是一颗由质子、中子、电子和光子组成的气态星球，体积相当于 100 万个地球，在自身引力作用下坍塌。强大的压缩力导致太阳核心的温度达到 1 500 万度，在这种温度下，质子开始融合在一起形成氦核。融合过程中释放的能量增加了太阳外层的压力，它与引力向内的作用力达到平衡。在后记中，我们还会深入探讨这种不稳定的平衡，但是现在我们想要了解的是，“质子开始融合在一起”到底意味着什么。

这听起来很简单，但在 20 世纪的二三十年代，太阳内核的融合原理还是一个争议很大的科学问题。英国科学家亚瑟·爱丁顿（Arthur

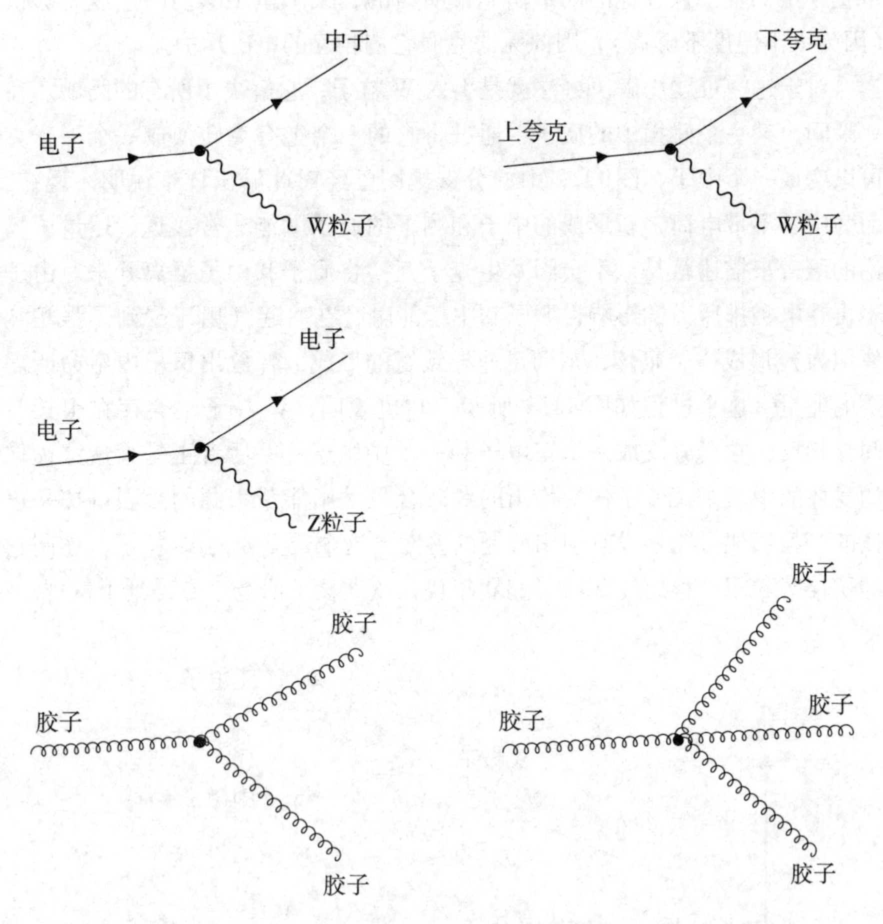


**图 11.2　关于弱相互作用力和强相互作用力的一些分支规则。**

Eddington）首先提出，太阳的能量来自于核融合，但有人很快指出，根据当时已知的物理学定律，温度明显太低，以至于不可能发生核融合。然而，爱丁顿坚持己见，发表了著名的反驳言论："我们所讨论的氦一定是在某些时候在某个地方被融合到了一起。我们不和那些认为恒星温度不够高，不能发生这个过程的批评家争执；我们直接就让他去找一个温度更高的地方。"

问题是，当太阳的核心中两个快速运动的质子接近时，由于电磁场的作用力（或用量子电动力学的语言来表示，就是通过光子互换），它们会相互排斥。为了要融合在一起，它们需要如此接近以至于实际上它们彼此重叠，正如爱丁顿和他的同事们非常明白的，太阳质子移动的速度不够快（因为太阳温度不够高），因此无法克服它们相互的电磁斥力。

对于这一难题，解决办法就是引入 W 粒子，它解决了所有的问题。在一瞬间，某一个碰撞中的质子，通过将它的一个上夸克转换成一个下夸克可以变成一个中子，图 11.2 中的分支规则已经对此给出详细说明。现在，因为中子不带电荷，新形成的中子和剩下的质子就能非常接近。用量子场论的语言来描述就是，不会因发生光子互换将质子和中子推离开来。由于不再受电磁排斥力的影响，质子和中子能融合在一起（由于受到了强相互作用力）形成一个氘核，从而迅速导致氦的形成，释放出恒星内生命所需要的能量。这个过程如图 11.3 所示，它也表明，W 粒子不会存在很长时间；相反，它会分支成一个正电子和一个中微子——后者正是大量穿过你的身体的中微子。爱丁顿所作出的对融合是太阳能量来源的激烈辩护是正确的，虽然他可能还没有想出问题的答案。这个最重要的 W 粒子，连同它的伙伴 Z 粒子，最终于 20 世纪 80 年代在欧洲核子研究中心得到了发现。

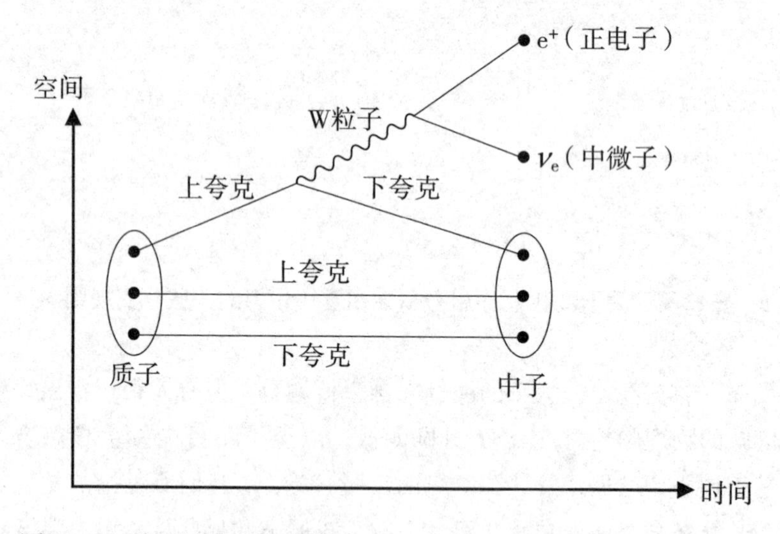


**图 11.3　质子通过弱衰变转变为一个中子，同时发出一个正电子和一个中微子。没有这个过程，太阳就不会燃烧。**

最后，让我们来对关于标准模型的简要探讨作一个总结，先来谈谈强相互作用力。根据分支规则，只有夸克可以分支成胶子。事实上，它们这样做的可能性非常大。这种发射胶子的倾向就是强相互作用力被如此命名的原因，它也是胶子分支能够战胜电磁斥力的原因，要不然这种电磁斥力就会引起带正电的质子发生爆炸。幸运的是，这种强相互作用力的作用仅限于此而已。胶子往往在移动距离不超过1费米（$10^{-15}$米）后就会再次分支。胶子的影响力范围如此之小，而光子可以跨越整个宇宙，原因就在于胶子也可以分支成其他胶子，正如图11.2中最后两张图所示。胶子的这一招使得强相互作用力和电磁力截然不同，并且有效地将它的行动限制在了原子核的内部。光子没有这种自我分支的本领，这是非常幸运的，因为，如果它们也能这样的话，你就不可能看见你眼前的世界，因为流向你的光子会分散那些穿越你视线的光子。我们可以看见所有东西，这是一个生命的奇迹，同时它作为一个生动的例子也告诉了我们，光子几乎不会发生相互作用。

我们还没有解释所有这些新规则的来历，我们也没有解释为何宇宙会包含这么多种粒子。有一个很好的理由：我们真的不知道如何回答这些问题。构成宇宙的粒子：电子、中微子和夸克，是正在上演的宇宙戏剧的主演，但是，至今我们还没能以一种令人信服的方式来说明，为什么演员阵容应该如此排列。

然而，一旦我们确定了粒子列表，那么关于它们相互作用的方式，我们就可以按照分支规则作出某些推断，这倒是真的。分支规则不是物理学家凭空想象出来的——他们是基于这一理由推断出来的，即描述粒子相互作用的理论，应该是一个量子场论再加上一些所谓的规范对称性。如果要讨论分支规则的起源，就会超出本书的主要范围；但我们确实想重申一下，基本规则是很简单的：宇宙是由粒子构建的，这些粒子到处移动并相互作用，遵循着一些跃迁规则和分支规则。我们可以使用这些规则来计算“某件事情”确实发生的概率，办法是将一串时钟叠加在一起，并且对应“某件事情”可能发生的任何一种和每一种方式，都有一个时钟相对应。

## 宇宙量子 质量的起源

通过引入这样一个概念，即粒子既可以分支又可以跃迁，我们已经进入了量子场论的领域，并且在很大程度上，跃迁和分支就是这个理论讨论的内容。然而，在我们的讨论中一直没有提到质量。有一个很好的理由，那就是最好的要留到最后。

现代粒子物理学的目的，是为了解答“什么是质量的起源?”这样一个问题。在一个优美而微妙的物理学理论和一个新粒子的帮助下，这个目的实现了。之所以说是新粒子，是因为在本书中我们还没有真正遇到过，并且地球上没有人曾经“面对面”地遇到过。这个粒子被称为“希格斯玻色子”，大型强子对撞机切切实实地发现过它的存在。本书写于2011年9月，在当时，在大型强子对撞机的数据中，也许出现过某个像是希格斯玻色子的诱人的踪迹，但就是没有足够多的事件来确定到底是或不是。[1]或许，你读到这本书时，情况已经发生了变化，希格斯玻色子成为了现实(在2012年7月已成现实)。或者，也可能那个有趣的信号在进一步的检查中已经消失。关于质量的起源这个问题有特别令人兴奋的一点，那就是我们对解答这个问题的兴趣，比解答“质量是什么”这个问题的兴趣更大。现在，就让我们更加详细地解释一下这句相当神秘而又颇为唐突的话。

当我们讨论量子电动力学中的光子和电子时，我们分别介绍了它们各自适用的跃迁规则，并且说过它们是不同的——我们用符号P（A，B）来代表与某一个从A点跳到B点的电子相关的规则，并用L（A，B）代表一个光子对应的规则。现在是时候去研究一下，为什么这两者适用的规则是不同的了。差异之所以存在，是因为电子分为两种不同类型（如我们所知的，它们以两种不同的方式“自旋”），而光子分为三种不同的类型，但这个区别不是我们在这里要关心的问题。然而，还存在另一个区别，因为电子有质量，而光子没有质量——这才是我们想要探讨的。

看图11.4，说明了一种我们可以用来分析某个大质量粒子传播的方法。图中显示了一个粒子分阶段从A点跳到B点。它从A点运动到点1，从点1到点2，直到最终从点6到B点。有趣的是，当这样描写规则的时候，适用于每一次跃迁的规则，也就是适用于一个零质量粒子的规则，但有一个重要的说明：每当粒子改变方向，我们就需要应用一个新的收缩规则（shrinking rule)，收缩的量和我们所描述的粒子的质量成反比。这意味

---

〔1〕一个“事件”指的是一个单一的质子-质子的碰撞。因为基本物理学是一种计数规则（它的主要工具是概率），所以需要让质子一直发生碰撞，使这些非常罕见的产生一个希格斯粒子的事件积累到足够多的次数。多少次才构成足够的数量呢？这取决于实验者能在多大程度上熟练地去除假信号。

着，在每一个折曲（kink），重粒子的时钟接受的收缩量比质量更轻粒子的时钟接受的量要小。需要强调的是，这不是一个为某一特定目的所作的描述。对于一个大质量粒子的传播，“之”字形路线和收缩都直接来自费曼规则，不需要任何进一步的假设。[2] 图 11.4 显示了重粒子可以从 A 点到 B 点的一种方式，即通过 6 个折曲和 6 个收缩系数（因子）。为了得到从 A 点跃迁到 B 点的与一个大质量粒子相关联的最终时钟，我们必须一如既往地将粒子从 A 点到 B 点的与可能采取的所有“之”字路线相关的无数时钟叠加。最简单的路线就是直线，没有折曲，但是也需要考虑到存在大量折曲的路线。

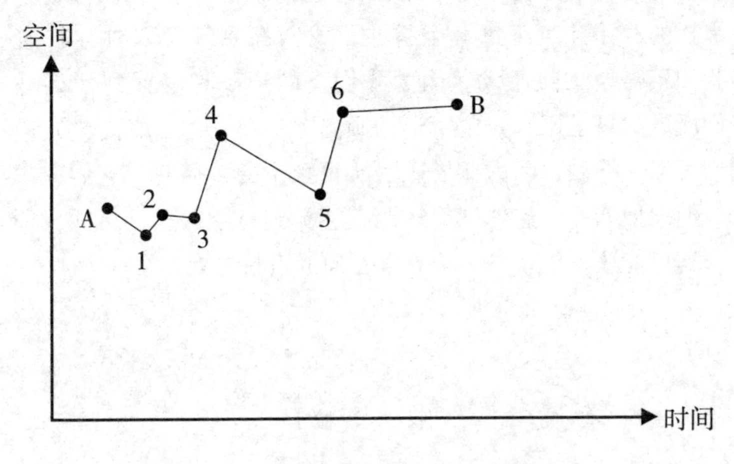


**图 11.4　一个大质量粒子从 A 点到 B 点。**

对于零质量粒子，和每一个折曲相关的收缩系数是一个杀手，因为它是无穷的。换句话说，在第一个折曲后，我们要将时钟收缩到零。对于无质量粒子，唯一有意义的路线就是直线，因为任何其他路线都没有与之关

---

〔2〕我们将一个大质量粒子当做一个无质量粒子来看待，再加上一个“折曲”规则。我们之所以能够这样做是因为一个事实，即，$P(A, B) = L(A, B) + L(A, 1)\, L(1, B)\, S + L(A, 1)\, L(1, 2)\, L(2, B)\, S^2 + L(A, 1)\, L(1, 2)\, L(2, 3)\, L(3, B)\, S^3 + \cdots$，在这里，S 是和折曲相关的收缩系数，我们认为，应该将所有可能的中间点（如 1，2，3 等）都加在一起。

联的时钟。这正是我们所预期的：这意味着当粒子的质量为零时，我们可以使用无质量粒子所适用的跃迁规则。然而，对于非零质量粒子，折曲是容许存在的，尽管，如果粒子很轻，那么收缩系数就会大大影响到折曲很多的路线。因此，最有可能的路径就是折曲最少的路线。相反，当重粒子经过折曲时受到的影响很轻微，于是描述它们的路线往往带有很多的"之"字形。这似乎表明，重粒子真的应该被看做是沿之字路线从A点到达B点的无质量粒子。之字形（折曲）的数量就是我们所说的"质量"。

这是相当不错的，因为我们有一个新的方法来思考大质量粒子。图11.5阐释了质量依次递增的3种不同的粒子从A点到B点的传播。在每一种情况下，与每一个"之"字形路径相关的规则和一个无质量粒子的相关规则是一样的，并且对于每一个折曲，我们都要付出"时钟收缩"的代价。但我们不需要太过激动，因为我们真的还没有解释到什么基本的原理。我们所做的只是用"走之字形的倾向"这一表达来取代"质量"这个词。我们可以这样做，因为在描述大质量粒子的传播时，它们在数学上是等价的。但即便如此，这件事仍然让人感觉到有趣，并且正如我们现在会发现的，这可能还不仅仅是一个数学方面的奇特之处。

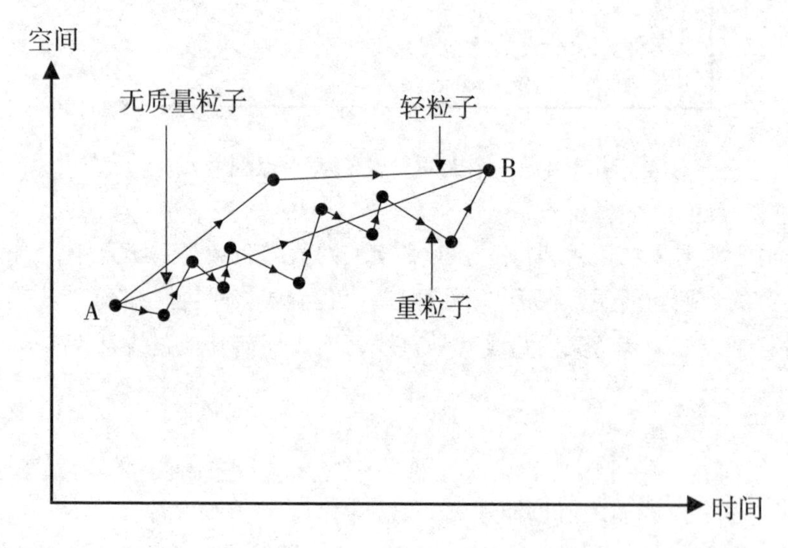


**图11.5 质量依次递增的粒子从A点到B点的传播。粒子质量越大，"之"字就越多。**

我们现在要进入猜想的范围——虽然在你读这本书的时候，我们在这里要概述的理论可能已经得到了验证。在2012年，欧洲大型强子对撞机现在正忙着让质子碰撞在一起，一次撞击能量达到8 TeV。“TeV”代表万亿电子伏特，它对应的是一个电子经过8万亿伏特的电势差加速后所获得的动能。让我们感受一下这到底是多大的能量，它大体上是大爆炸发生大约一兆分之一秒后亚原子粒子具有的能量，它足够从稀薄的空气中召唤出等于8 000个质子的质量（通过爱因斯坦的$E=mc^2$）。这还只是它设计能量的一半；如果需要，大型强子对撞机还可以提供更大的撞击能量。

全世界有85个国家联合起来，建造并实施这个前所未有的庞大实验，其中一个主要原因就是为了探索基本粒子质量产生的机制。最为广泛接受的关于质量起源的理论对之字形路线作出了一个解释：它提出了一个新的基本粒子，其他粒子在通过宇宙的道路上会“偶然碰见”这种粒子。

这个粒子就是希格斯玻色子。根据标准模型，如果没有希格斯玻色子，基本粒子会从一个地方跳到另一个地方，不会采取任何之字形路线，宇宙会是另外一种截然不同的面目。但是，如果我们用希格斯粒子充满真空的空间，那么它们可以使粒子发生偏移，从而采取之字形路线，并且正如我们刚刚了解到的，这会导致“质量”的出现。这就像你试图穿过一个拥挤的酒吧，里里外外的人挤来挤去，最后你就走出了一条“之”字形路线。

希格斯机制是以苏格兰爱丁堡的理论家彼得·希格斯（Peter Higgs）的名字命名的，它是在1964年被引入粒子物理学的。这个概念显然是非常成熟了，因为几个人同时提出了这个概念——希格斯当然是其中一个，此外还有比利时布鲁塞尔的罗伯特·布劳特（Robert Brout）和弗朗索瓦·恩格勒特（François Englert），美国的杰拉德·古拉尼克（Gerald Guralnik）、卡尔·哈根（Carl Hagan）和汤姆·基博尔（Tom Kibble，伦敦）。他们的发现本身就是建立在其他许多人之前的研究基础之上，包括海森堡、南部阳一郎（Yoichiro Nambu）、杰弗里·戈德斯通（Jeffrey Goldstone）、菲利普·安德森（Philip Anderson）和史蒂文·温伯格。因为将这个概念完全的现实化，谢尔登·格拉肖（Sheldon Glashow）、阿卜杜斯·萨拉姆（Abdus Salam）和温伯格获得了1979年的诺贝尔物理学奖，其影响力不低于粒子物理学的标准模型。这个概念非常简单——真空的空间不是空的，这导致了粒子的“之”字形路线，从而产生了质量。但显然我们还需要进一步的解释。真空的空间怎么会充满希格斯粒子呢？——我们能不能在日常生活中注意到这个现象？事物的这种奇怪状态又是如何占有如此重要的地位呢？这听起来像一个相当庞大的命题。而且我们也还没有解释，为什么有些粒子（如光子）没有质量，而其他粒子（如 W 玻色子和顶夸克）有着可以与一个银原子或一个金原子相媲美的质量。

第二个问题比第一个容易回答，至少表面上看是如此。粒子只能通过分支规则相互作用，希格斯粒子在这方面并没有什么不同。一个顶夸克的分支规则包含了它可以和一个希格斯粒子结合的可能性，及由此导致的时钟收缩远低于它在轻夸克的时钟收缩（请记住，所有的分支规则都会伴随有一个收缩系数）。这就是为什么一个顶夸克比一个上夸克重得多的“原因”。当然，这还没有解释到为什么分支规则会是这样的。问题的答案是“因为它就是这样的”，这个回答无疑会令人失望。这个问题和以下问题是同一性质的，例如，“为什么有三代粒子?”或“为什么引力这么弱?”同样，没有任何的分支规则适用于光子作用于希格斯粒子的情况，因此这两者不会发生相互作用。这同样也意味着，它们没有“之”字形折曲，也没有质量。虽然我们在某种程度上回避了问题，这种说法似乎也像是一种解释，并且，我们已经在大型强子对撞机中检测到希格斯粒子，并发现它们以这种方式和其他粒子发生相互作用，那么我们就可以合理地宣称，我们已经对自然界的本质取得了一个令人激动的认识。

这些突出问题中的第一个，解释起来有点麻烦。那就是，真空的空间怎么会充满了希格斯粒子？要想探讨这个问题，我们首先必须明确一点：量子物理学意味着根本就不存在“真空的空间”这种事物。事实上，我们所说的“真空的空间”其实是一个由亚原子粒子构成的沸腾的旋涡，根本就无法把它们清除掉。意识到这一点之后，我们就更容易接受真空的空间可能充满了希格斯粒子这个认识。但是，还是让我们循序渐进地展开讨论吧。

你可以想象遥远外太空的一小块区域，那是宇宙的孤独一角，离星系有数百万光年。随着时间的流逝，粒子的出现及消失无痕迹是不可能阻止的。为什么呢？这是因为粒子-反粒子对的形成和湮灭过程是规则所容许的。我们可以在图 10.5 中位于下部的图里找到一个例子：想象一下，将除了电子圈以外的所有东西都拿掉后，这个图对应的就是一个电子-正电子对，它自发地出现，然后消失得无影无踪。因为画上一个圈并不违反量子电动力学的任何规则，我们必须承认，这个特定的概率真的存在；记住，一切可能发生的情况最终都会发生。这种特定的可能性只是真空的空间可以活跃和产生的无限多种方式中的一种，因为我们生活在一个量子宇宙，正确的做法是将所有的概率叠加在一起。换句话说，真空有着令人难以置信的丰富结构，粒子到处跃迁、出现和消失的所有可能方式构成了这一切。

上一段介绍了一种概念，即真空不空，但是我们描绘的是一个相当“民主”的画面，其中所有的基本粒子都发挥着作用。希格斯粒子有什么特别之处呢？如果真空不过是由无数的物质-反物质的形成和湮灭构成的“一锅沸腾的汤”，那么所有基本粒子的质量将继续为零——量子圈本身并不能够提供质量。[3] 相反，我们需要给真空填充一些不同的东西，这是引入希格斯粒子的原因。彼得·希格斯仅仅提出，真空的空间充满了希格斯粒子，[4] 并没有深入解释为什么。真空中的希格斯粒子提供了“之”字路线机制，它们加班加点地与宇宙中的任何一个和每一个大质量粒子相互作用，选择性地阻碍这些粒子的运动从而创造了质量。普通的物质和充满希格斯粒子的真空之间相互作用，最终的后果就是，世界从一个单一的没有结构的地方变成了一个多种多样的美好的地方，世界充满了活力，有着恒星、星系和人类。

当然，最大的问题是，首先那些希格斯粒子是怎么来的？答案实际上还是未知的，但人们认为，它们是大爆炸之后不久某个时候产生的物态变化的残余物。如果你在一个冬天的晚上耐心地观察窗户玻璃，随着温度的下降，你会看到，夜晚空气中的水蒸气就像被施了魔法一样在玻璃上呈现出美丽的冰晶。从水蒸气转化为冰冷玻璃上的冰晶是一种物态变化——水分子重新排列变成了冰晶体；温度下降使得没有形态的蒸汽云的对称性被自动打破。冰晶之所以形成，是因为从能量的角度来看，这样做更为有利。就像一个球从山的一侧滚落到谷底后处于较低的能态，或电子在原子核周围重新排列，形成的电子键使得分子聚拢在一起，因此，比起没有固定形态的蒸汽云，雪花那种犹如人工雕琢出的美丽形态只是一个低能量的水分子结构。

---

〔3〕这是一个微妙之处，起源于“规范对称性”，它强调基本粒子的跃迁和分支规则。

〔4〕彼得·希格斯太谦虚了，因此当时并没有以他的名字为它们命名。

我们认为，在宇宙历史的早期发生过类似的事情。粒子的热气态就是宇宙的初始状态，随着粒子的膨胀和冷却，因此去发现一个希格斯真空（Higgs-free vacuum）从能量角度就处在了不占优势的状态，于是形成了一个充满希格斯粒子真空的自然状态。这个过程实际上和水在一块冰冷的玻璃窗上凝结成水滴或冰的方式差不多。当水在玻璃窗上凝结并自发形成水滴时，它们给人们造成的印象是，这些水滴只是“从无到有”自动出现的。同样的，对于希格斯粒子，在宇宙大爆炸之后不久的高温阶段，真空处于沸腾状态，出现了短暂的量子波动（费曼图中的那些圈），粒子和反粒子从无到有，然后又再次突然消失。然而，随着宇宙的冷却，一些极端的事情发生了，突然之间，“无中生有”，正如水滴出现在玻璃上一样，希格斯粒子的“凝固体”出现了，通过相互之间的作用聚集在一起，处于一个短暂的悬浮状态，其他粒子通过这个悬浮物进行传播。

认为真空充满了物质这一概念表明，我们以及宇宙万物，都生活在一个巨大的冷凝体中，这个冷凝体是在宇宙冷却的过程中出现的，正如晨露出现于清晨。为了防止我们认为真空的充满仅仅是希格斯粒子冷凝的结果，我们也应该说，真空中还有其他一些东西。随着宇宙进一步冷却，夸克和胶子也出现了冷凝，很自然地，成为了被称为夸克和胶子的冷凝物。它们的存在已经通过实验得到了证实，它们在帮助我们对强核力的理解中发挥了非常重要的作用。事实上，正是这种冷凝导致了质子与中子的绝大部分质量的形成。然而，希格斯真空才是我们所观察到的基本粒子的质量产生的原因——夸克、电子、缈子（muons）、陶子（taus）以及 W 粒子和 Z 粒子。夸克冷凝有助于解释当一群夸克结合到一起形成一个质子或一个中子时所发生的事情。有趣的是，虽然在解释质子、中子和重原子核的质量时，希格斯机制相对没那么重要，相反地，当涉及到解释 W 粒子和 Z 粒子的质量时，它却又非常重要了。对 W 粒子和 Z 粒子来说，在没有一个希格斯粒子的情况下，夸克和胶子的冷凝将产生一个约 1 电子伏特（GeV）的质量，但通过实验测量出它们的质量接近 1 电子伏特的 100 倍。设计大型强子对撞机的目的，就是要研究 W 粒子和 Z 粒子的能量范围，从中探索它们的大质量形成的机制。无论是人们热切期待的希格斯粒子，或是一些迄今想象不到的其他东西，只有时间和粒子碰撞能告诉我们答案。

让我们来看一些相当令人吃惊的数字，夸克和胶子冷凝的结果在 1 立方米真空空间内积聚的能量是惊人的 $10^{35}$ 焦耳，由于希格斯粒子冷凝导致的能量比这个还要大100倍。这些能量加在一起，就是我们的太阳在1 000年里中产生的总能量。准确地说，这是“负”能量，因为真空的能量比根本不含粒子的宇宙能量还要低。负能量的产生是因为与冷凝的形成相关的结合能，它本身并不神秘。它就像为了烧开一壶水（把从蒸汽到液体的物态变化反过来），你必须加入能量一样平常。

然而，神秘的是，在每平方米真空的空间里存在着如此之大的负能量密度，如果从数字上来看，宇宙会产生灾难性的膨胀，也不会有人类或恒星形成了。大爆炸之后的那一刻宇宙实际上就会四分五裂。如果我们把粒子物理学中关于真空冷凝的预测，直接放到爱因斯坦的引力方程（适用于整个宇宙）中去，就会发生这种情况。这一极端邪恶的难题被称为宇宙学的常数问题，它仍然是基本物理学的一个中心问题。当然，这个问题也表明了，我们绝不能轻易地声称已经真正了解了大自然的真空和（或）引力的本质。对于某些绝对基础的问题，我们还没有弄明白。

说完这句话，我们的故事就快要结束了，因为我们已经到达了知识的边界。已知的领域不是研究型科学家的舞台。正如我们在本书一开始观察到的，量子理论向来以艰深和明显矛盾的诡异而著称，对物质粒子的行为发挥着随心所欲的影响力。但我们所描述的一切，除了最后这一章，都是已知的并且已得到了充分的了解。基于证据而不是根据常识，我们得出一个理论，显然它能够描述一系列无穷无尽的现象，从热原子发出的彩虹到恒星内部的融合。把理论投入应用导致了20世纪最重要的技术突破——晶体管——如果没有一个量子世界观，它的原理就无法为人所理解。

但是，量子理论远远不只是仅在解释自然现象方面的进步。在量子理论和相对论结合的“强迫婚姻”中，作为理论上的必需品，人们引入了反物质这一概念。自旋，是亚原子粒子的基本特性，它支撑着原子的稳定，也同样是为了保持理论一致性的一个理论预测。现在，在第二个量子世纪里，大型强子对撞机已向未知领域进发，为了探索真空本身。这是科学的进步；小心地逐步地构建关于解释和预测一系列的科学遗产，这些遗产将改变我们的生活方式。这正是科学和其他一切的不同之处。它不仅仅是另一种观点——它揭示了一个现实，即它是拥有最丰富和最超越现实想象力的头脑也无法想象的现实。科学就是对真相的调查，并且如果真相看起来甚至有些超现实，也只能如此。说到科学方法的威力的展示，没有比量子理论更好的例子了。如果不进行最细致的和最详尽的实验，没有人能够理解它。建构这一理论的理论物理学家们，必须终止并抛弃他们根深蒂固的、以为能给人们带来虚幻安慰的信念，才能够解释摆在他们面前的证据。也许真空能量这一难解之题，标志着一个新的量子旅程的开始；也许大型强子对撞机能够提供新的无法解释的数据；也许本书中描述的一切将接近一个更深层次的真相——了解我们的量子宇宙这一令人兴奋的旅程还将继续下去。

当我们开始考虑写这本书的时候，我们花了一些时间来讨论该如何结尾。我们希望从学术和实际的角度来展示量子理论的威力，即使是最持怀疑态度的读者也会相信，科学的确通过精致的细节，描述了世界的运作。我们两人一致认为，要尽可能通俗地展示，虽然它涉及到一些代数——我们已经尽了最大的努力，让读者可以跟随我们的推理，而不需要详细地检查方程，但很多时候我们确实感受到必须这样做的压力。因此，本书在这里结束，除非你还想知道点什么：我们认为那应该是最为壮观地展示量子理论的威力。

祝你好运，并享受这一探索之旅。

# 后记：恒星的死亡

很多恒星死亡后，最终成为核物质和电子海洋混合而成的超高密度球状体，就是人们所说的“白矮星”(white dwarves)。当我们的太阳在大约50亿年的时间内用尽核燃料，它就将面临这样的命运。我们的银河系内超过95%的恒星也将是这种结局。仅仅只需要一支笔、一张纸和一点思考，我们就可以计算出这些恒星可能拥有的最大质量。这种计算是由苏布拉马尼扬·钱德拉塞卡（Subrahmanyan Chandrasekhar）于1930年首次进行的，他利用量子理论和相对论作出了两个非常清晰的预测。首先，的确存在“白矮星”这种东西，一个球状物体按照泡利不相容原理抵抗自身引力的挤压力。其次，如果我们把注意力从一张涂满理论符号的纸移开，开始凝视夜空，我们会发现白矮星的质量绝不会超过太阳质量的1.4倍。这些都是非常大胆的预测。

现在，天文学家们记录下了大约1万颗白矮星。大多数的质量约为太阳质量的0.6倍，但有记录的最大质量是太阳质量的1.4倍。“1.4”这个数字的确定，是科学方法的一个成功。它建立在对20世纪物理学的几大相互关联的学科——核物理、量子物理和爱因斯坦狭义相对论的认识基础之上。对它进行计算也需要用到我们在本书中见过的自然界的基本常数。在本章的结尾，我们将认识到，最大质量是通过$\left(\frac{hc}{G}\right)^{3/2}\frac{1}{m_p^2}$这一比率（系数）确定的。

请仔细看看刚才写下的这个系数：它取决于普朗克常数、光速、牛顿万有引力常数和一个质子的质量。我们应该能够用这些个基本常数的组合来预测一颗垂死恒星的最大质量，这是多么美妙的一件事啊。系数中出现的万有引力、相对论和作用量子（quantum of action）的三组合（$hc/G$）$^{1/2}$，被称为普朗克质量，当我们把数字放进去后，得出的结果约为55微克，大约为一粒沙子的质量。令人吃惊的是，钱德拉塞卡质量（Chandrasekhar mass）就是通过周密考虑两种质量，一粒沙子的大小和一个质子的质量得出的。从这么微小的数字中得出了自然界的一个新的基本质量标度：一颗垂死恒星的质量。

我们可以就钱德拉塞卡质量的来由给出一个非常简单的概述，但我们希望更深入一点：我们想描述实际的计算过程，因为这才是最令人激动之处。我们不会真正地计算到精确的数字（1.4个太阳质量），但我们会得出一个非常相近的结果，并从中看到专业物理学家是如何运用一系列精心开发的逻辑步骤，如何援引研究发展道路上著名的物理学原理，去着手得出深刻的结论。在此过程中，将不会出现不可捉摸的或无法证明的事情。相反，我们会保持冷静的头脑，稳步地和坚定地被引向最令人兴奋的结论。

我们的出发点必须是：“什么是恒星？”一个非常近似的说法就是，可见的宇宙是由大爆炸之后最初几分钟形成的两种最简单的元素——氢和氦构成的。经过大约5亿年的膨胀后，宇宙充分冷却下来，气体云中的稍密集区域在自身引力作用下开始聚集。这些就是星系的种子，在它们内部，围绕着一些较小的聚集团块，第一代恒星开始形成。

随着它们自身的坍缩，这些在第一代原恒星内形成的气体变得越来越热，就像任何用过自行车打气筒的人都知道，压缩气体可以使它变热。当气体的温度达到约10万度，电子不能再被束缚在围绕氢核和氦核周围的轨道上，原子被撕裂开来，留下光秃秃的原子核和电子组成的热等离子体。热气体试图向外扩散，想要阻止进一步的坍缩，但由于聚集团块的质量太大，引力占了上风。因为质子带正电荷，它们将相互排斥，但随着引力造成的坍缩的继续，温度进一步上升，质子移动越来越快。最终，在几百万度的温度下，质子移动得如此之快，它们之间的距离如此之近，以至于弱核力占了上风。这时，两个质子可以相互作用；其中一个自发转化成中子，同时发射出一个正电子和一个中微子（如第166页的图11.3所示）。从电子的排斥力中解放出来后，质子和中子在强核力的作用下融合在一起形成一个氘核。这个过程会释放巨大的能量，正如在形成氢分子时将电子结合在一起会释放能量一样。

以日常的标准来衡量，在一个单一的融合事件中释放的能量并不大。100万个质子-质子的融合反应生成的能量，与一只蚊子在飞行中的动能或一个100瓦灯泡在1纳秒（1秒的10亿分之一）内所发出的能量大致相同。但以原子尺度来衡量的话，这就相当大了，并且请记住，我们正在谈论一个正在坍缩的气体云的密集核心，其中每立方厘米大约有$10^{26}$个质子。如果这1立方厘米内的所有质子都融合成氘核，会释放$10^{13}$焦耳的能量，这些能量足够一个小镇使用一年。

两个质子融合成一个氘核是“融合大派对”的开始。氘核本身急切地想与第三个质子融合，形成一个轻版本的氦（称为氦-3），并发射一个光子，这些氦核然后配对并融合成普通氦（称为氦-4）并发射两个质子。在每个阶段，融合在一起会释放越来越多的能量。此外，在这一连环的融合开始之初发出的正电子，也迅速和周围等离子体中的一个电子融合并产生一对光子。这些释放的能量使得光子、电子和原子核成为热气体，将向内坍缩的物质往外推，阻止引力坍缩的进一步发生。这就是一颗恒星：核聚变（核融合）使得核心中的核燃料发生燃烧，并产生一个向外的压力，使得恒星对抗引力坍缩并达到稳定。

当然，可供燃烧的氢燃料数量有限，并且最终也会耗尽。在没有更多的能量释放后，不再有更多向外的压力；引力再次占据上风，恒星继续曾经被推迟的坍缩过程。如果恒星的质量足够大，核心的温度将升至约1亿度。在这个阶段，在氢燃烧阶段产生的废物氦将被点燃，氦融合在一起产生碳和氧，于是引力坍缩再次得到暂缓。

但是，如果恒星的质量不够大，不足以启动氦融合呢？如果恒星的质量小于太阳质量的一半，就会发生这种情况，并且还会发生一些非常戏剧化的事情。随着恒星的坍缩，它的温度会升高，但在核心达到1亿度之前，出现了一些别的情况阻止了它的坍缩。那就是电子根据泡利不相容原理所产生的压力的证据。正如我们已经了解到的，泡利原理对于理解原子如何保持稳定非常重要，而这种稳定正是保持物质特性的基础。这里还有另外一个作用：它解释了致密星（compact stars）仍然存活的原因，尽管事实上这些致密星已经不再消耗任何核燃料。这又是为什么呢？

随着恒星逐渐被压扁，它内部的电子被限制在一个较小的体积内。我们可以用动量 $p$ 来描述恒星内部的一个电子，因此得到了相关的德布罗意波长 $h/p$。特别的是，粒子只能用一个波包来描述，这个波包至少和它相关的波长一样大。[1] 这意味着，当恒星的密度足够大，电子必须相互重叠，就是说，这种情况下不能用孤立波包（isolated wave packets）来描述它们。这又意味着，量子力学效应（尤其是泡利原理）在描述电子方面的重要性。具体来说就是，电子被挤压在一起，以至于两个电子企图占据同一区域空间，然而我们知道，根据泡利原理这样是行不通的。因此，在一颗垂死的恒星里，电子相互排斥的作用力阻止了任何进一步的引力坍缩。

这是质量最轻的恒星的命运，但接近太阳质量的恒星又会是什么样呢？在前面几段里，我们在谈到氦燃烧变成碳和氧之后就没有继续讲下去了。当恒星们的氦燃烧耗尽之后会发生什么呢？它们也必定在自身引力的作用下开始坍缩，即它们自己的电子也会被挤压在一起。而且，就像质量轻的恒星那样，泡利原理最终会发挥作用并暂缓坍缩。但是，对于质量最大的恒星来说，即使是泡利不相容原理也有它的局限性。随着恒星的坍塌，电子被挤压得越来越紧密，于是核心升温，电子移动速度加快。如果恒星质量足够大，电子最终移动的速度是如此之快，以至于接近了光速，这时会发生一些新鲜事。当电子接近光速时，它们产生的能够抵抗引力的压力减弱到不能再生成的程度，于是它们再也无法抵抗引力，再也无法阻止坍缩。我们在这一章的任务，就是计算这种情况将在什么时候发生，而且我们已经指出关键所在。如果恒星的质量大于太阳质量的 1.4 倍，电子就会输掉与引力的这场战争。

至此，我们已经完成了概述，它将作为我们计算的基础。我们现在可以继续下去，忘掉所有的核融合（核聚变），因为燃烧的恒星不是我们的兴趣所在。我们渴望了解的是发生在死亡恒星内部的事情。我们想要看到

---

[1] 回顾一下第 5 章内容，具有确定动量的粒子实际上是用无限长的波来描述的，因为我们容许动量有一些扩散，所以我们可以开始将粒子限制在局部范围。但只能到此为止，并且对于具有一定波长的一个粒子，如果它的定域距离小于波长，谈论它就没有任何意义。

的只是压扁的电子产生的量子压力是如何和引力达成平衡的，以及如果电子移动得太快，这种量子压力又是如何被减弱的。因此，我们研究的核心就是一场平衡竞赛：引力对阵量子压力（quantum pressure）。如果我们可以使它们达成平衡，我们就有了一颗白矮星，但如果引力赢了，我们就将面临大灾难。

虽然和我们的计算并不相关，我们却不能在这样一个扣人心弦的时候扔下这件事情不管。如果一颗巨大的恒星爆炸，它还有另外两种选择。如果它不太重，那么它将一直挤压质子和电子，直到它们也可以融合在一起形成中子。特别是，一个质子和一个电子自发转变成一个中子，并发射出一个中微子，这同样是通过弱核力完成的。以这种方式，恒星无情地转变成一个极小的中子球。用俄罗斯物理学家列夫·朗道（Lev Landau）的话来说，就是恒星转变成“一个巨核”。列夫·朗道在他于1932年所著的《恒星理论》（*On the Theory of Stars*）一书中写下了这句话，就在这本书付印的同一个月，英国实验物理学家詹姆斯·查德威克（James Chadwick）发现了中子。如果说是朗道预言了中子星的存在，这种说法可能有点夸张了，但他肯定是预期了某种类似它们的东西的存在。也许荣誉应该归于德国天文学家沃尔特·巴德（Walter Baade）和瑞士天文学家弗里茨·兹威基（Fritz Zwicky），1933年他们在合著的一篇论文中写道：“我们慎重地提出这样一个观点，即超新星是从普通恒星到中子星的过渡，在它们的最后阶段塞满了极为致密的中子。”人们认为他们的观点是如此古怪，竟然在《洛杉矶时报》上对此进行模仿嘲讽（见图12.1），中子星在20世纪60年代中期以前，一直是个理论上的未解之谜。

1965年，安东尼·休伊什（Anthony Hewish）和塞缪尔·奥科耶（Samuel Okoye）发现，“在蟹状星云中显示了一个异乎寻常的高射电亮度温度源”，[2] 尽管他们未能确定它是不是一颗中子星。罗瑟夫·什克洛夫斯基（Iosif Shklovsky）1967年进行的研究和光学观测，为他们的这个发现

［2］编注：著名的1054年金牛座内爆发的一颗超新星，中国、日本和阿拉伯史书记载，这颗星是突然出现在金牛座ζ星（中国古称天关星）附近的客星，故名天关客星。这颗超新星在23天的时间内白天都可以见到，在夜晚可见的时间持续了一年十个月。这颗星可能是Ⅱ型超新星。天关客星爆炸后的遗骸形成了蟹状星云。

**图12.1　1934年1月19日出版的《洛杉矶时报》上刊登的一幅漫画。**

提供了有利支持，不久之后，乔丝琳·贝尔（Jocelyn Bell）和安东尼·休伊什经过更详细的测量，提出了更为有利的证据。这种在宇宙中发现的最富有异国情调的物体中的第一个例子，后来被命名为“休伊什奥科耶脉冲星”（Hewish Okoye Pulsar）。有趣的是，产生休伊什奥科耶脉冲星的同一颗超新星也是1 000年前由天文学家发现的。1054年爆发的超新星，是有历史记载的最明亮的超新星，是由中国天文学家观测到的；在美国西南部查科峡谷的悬崖边发现的，由印第安部落留下的一幅著名的绘画也证明了这一点。

我们还没有谈到，那些中子是如何设法抵抗引力和阻止进一步地坍缩的，但你大概可以猜到是怎么回事了。中子（就像电子）受泡利原理的约束。它们也可以阻止进一步的坍缩，所以，如同白矮星一样，中子星代表着恒星生命的一个可能的终点。在我们的故事里，中子星是一个顺带提及的内容，但我们在结束对它们的讨论之前不得不说，它们在我们精彩纷呈的宇宙里占有非常特殊的地位：它们的大小和我们的城市一样大，但它们如此致密，以至于一茶匙大小的重量相当于地球上的一座山，正是凭着自旋1/2粒子的相互排斥而聚拢到一起。

对于宇宙中最庞大的恒星，甚至它内部的中子也在接近光速运动，留给它们的选项只有一个。这样的巨人面临着彻底的灾难，因为中子不再能够产生足够的压力来抵抗引力。没有任何已知的物理学机制，可以阻止一颗质量大于太阳3倍的恒星内核本身的坍塌，其必然的结果是形成一个黑洞：就我们所知的任何物理学定律在这里都不起作用。也许大自然法则并未停止运作，但要想正确地理解一个黑洞内部的运作，需要一个量子引力理论（quantum theory of gravity），然而，目前这种理论还不存在。

现在是时候将话题转回来，并继续关注我们的双重目标了，即证明白矮星的存在和计算钱德拉塞卡质量。我们知道应该如何进行：我们必须平衡电子压力与引力。这不是一个可以在我们的头脑中完成的计算，那么制定一个行动计划是非常有必要的。计划是这样的，它相当冗长，因为我们首先要明确一点背景细节，并为实际计算做一些准备工作。

**步骤**1：我们需要确定恒星内部的压力来自于哪些高度压缩的电子。你可能觉得奇怪，为什么我们不担心恒星内部的其他东西呢？原子核和光子又该如何处理呢？光子是不受泡利规则约束的，如果有足够长的时间，它们早晚会离开恒星的。它们没有希望和引力抗衡。至于原子核，这个1/2整数自旋的核受泡利规则的约束，但是（我们将发现）它们的质量较大，这意味着它们产生的压力比电子小，我们完全可以忽略它们在这场平衡竞赛中的作用。这将极大地使问题得到简化——电子压力就是我们需要的全部，也就是我们的目光要投向的地方。

**步骤**2：在我们计算了电子压力之后，我们需要做一个平衡游戏。读者可能还不是很明白，我们到底应该如何去做这件事情。描述“引力向里拉和电子往外推”是一回事，但涉及到具体的数字又完全是另外一回事。

恒星内部各处的压力各不相同；在中心较大，而在表面较小。事实上，存在着一个压力梯度，这个至关重要。想象一下，恒星内部的某个地方有个立方体的星状物质，如图 12. 2 所示。引力试图将这个立方体拉向恒星的中心，并且我们想知道电子是如何产生压力来抵消这种引力的。电子气体的压力对立方体的六个面都施加了作用力，这个作用力的大小就等于各个面上的压力乘以受力面积。这种表述是准确的；直到现在，我们一直在使用“压力”（pressure）这个词，并且假设我们都本能而且充分地认识到，高压气体比低压气体的“推动力更大”。给变瘪的汽车轮胎打过气的人都知道这一点。

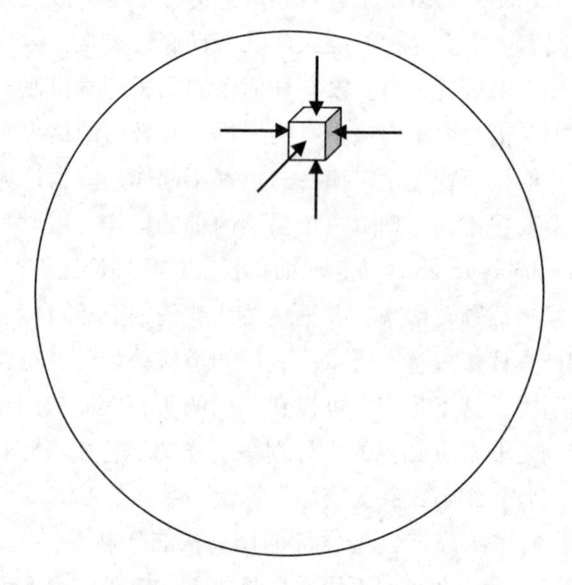

**图 12. 2　位于一颗恒星中心内部某处的一个小立方体。箭头表示恒星内部的电子对立方体施加的压力。**

因而我们需要适当地了解一下压力，所以需要转移到更熟悉的领域中来。让我们还是以轮胎为例，一位物理学家会说，一个轮胎变瘪是因为只有轮胎变形，它内部的空气压力才能支撑汽车的重量，没有不变形的轮胎：这就是为什么我们要去参加所有最好的社交聚会，因为在那里可以听到很多绝妙的见解。我们可以继续计算，面对一个重达 1 500 千克的汽车，如果我们希望轮胎与地面接触的长度达到 5 厘米，合适的轮胎压力应该是多少，如图 12. 3 所示：现在又该开始在黑板上写写画画了。

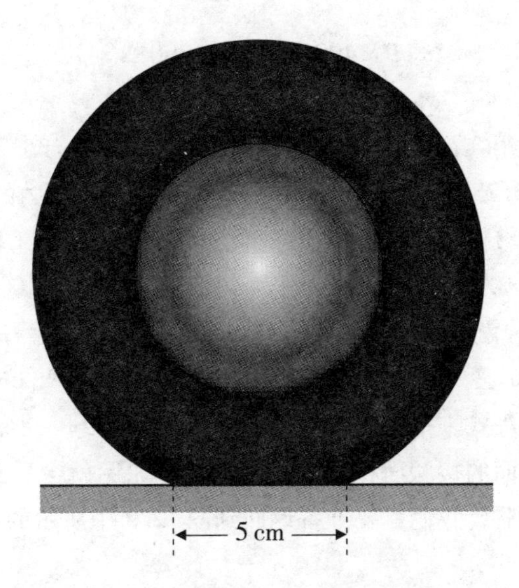


**图12.3　为了支撑汽车的重量轮胎略有变形。**

如果轮胎宽20厘米，我们希望轮胎和路面接触的长度为5厘米，那么轮胎与地面接触的面积将为20×5=100平方厘米。我们还不知道必需的轮胎压力——这就是我们想要计算的——所以让我们用符号$P$来代表它。我们需要知道轮胎内的空气对地面产生的向下作用力。它等于压力乘以轮胎与地面接触的面积，即$P\times100$平方厘米。我们应该将这个结果再乘以4，因为我们的汽车有4个轮胎：$P\times400$平方厘米。这就是轮胎中的空气施加在地面上的全部作用力。可以这样想：轮胎内部的空气分子冲击着地面（严谨一点的表达应该是，它们冲击着与地面接触的轮胎的橡胶，但这并不重要）。地面通常不会毫无反应，在这种情况下它会反向施加一个同等的力（所以我们还是要用到牛顿第三定律）。汽车被地面往上顶，同时被万有引力往下拉，因而它既不会下沉到地面也没有跳跃到空中，我们知道这两种作用力一定是取得了相互平衡。因此，我们可以认为向上顶的力量（$P\times400$平方厘米）和向下的万有引力相等。这种作用力也正是汽车的重量，因此，我们知道了该如何使用牛顿第二定律算出结果，$F=ma$，其中$a$是地球表面的重力加速度，即9.81 m/s$^2$。因此，汽车重量为1 500 kg×9.8 m/s$^2$=14 700牛顿（1牛顿等于1 kg·m/s$^2$，约为一个苹果的重量）。这两种作用力相等意味着：

$$P \times 400\ \text{cm}^2 = 14\ 700\ \text{N}$$

解这个方程很容易：$P=(14\ 700/400)\ \text{N/cm}^2 = 36.75\ \text{N/cm}^2$。压力为每平方厘米 36.75 牛顿，我们可能对这种表述轮胎压力的方式不太熟悉，但我们可以把它转换成更熟悉的压强单位“bar”（巴）。1 巴就是标准大气压力，等于 101 000 牛顿/米$^2$。每平方米相当于 10 000 厘米$^2$，所以 101 000 牛顿/米$^2$ 就相当于 10.1 牛顿/厘米$^2$。我们所需的轮胎压力是 36.75/10.1 = 3.6 巴（或 52 psi〔帕〕，你可以自己算出这个结果）。我们也可以用我们的等式来推论出，如果轮胎压力下降到一半，即 1.8 巴，我们会将轮胎与地面的接触面积增加 1 倍，这样轮胎就会看起来更加瘪。完成这个运算过程后，我们就要准备返回到图 12.2 中所示的恒星内部的小立方体了。

如果立方体的底面更接近恒星的中心，那么底面承受的压力应该略大于顶面承受的压力。这个压力差导致了一个对立方体的作用力，这个作用力试图将立方体推离恒星的中心（图 12.2 中向上的箭头），这正是我们想要的，因为立方体在同时又被恒星的引力拉向中心（图 12.2 中向下的箭头）。如果我们知道了如何平衡这些力量，那么我们对恒星的认知又会更进一步。但说起来容易做起来难，因为，虽然通过步骤 1 我们能够得出电子压力施加给立方体的作用力的大小，但我们还要弄清楚的是，向相反方向拉动的引力有多大。顺便说一句，我们不用操心立方体侧面所承受的压力是多少，因为立方体的侧面和恒星中心是等距离的，所以左侧的压力将和右侧的压力达成平衡，能够确保立方体不会左右移动。

为了算出立方体上承受的引力，我们需要用到牛顿的万有引力定律，它告诉我们，恒星内部每一单个的物质对立方体都有一个拉动的作用力，这个物质距离立方体越远，力的强度就越小。因此，远距离的物质块的拉动力小于近距离的物质块。不同的物质块对立方体的引力大小不同，取决于它们的距离远近，这个问题看起来有些棘手，但我们至少可以知道如何在理论上处理这个问题——我们应该把恒星切成很多块，然后算出每块里面的立方体所承受的作用力。幸运的是，我们不需要这样去设想切碎恒星，因为我们可以利用一个非常漂亮的结果。高斯定律（以极为著名的德国数学家卡尔·弗里德里希·高斯〔Carl Friedrich Gauss〕的名字命名）

告诉我们：（a）我们完全可以忽略除恒星中心小立方体之外的其他所有物质的引力；（b）所有靠近中心的物质块的净引力影响，实际上和这些物质块被挤压在恒星中心的情况是完全一样。结合使用高斯定律和牛顿万有引力定律，我们可以说，立方体所承受的将它拉向恒星中心的作用力等于：

$$G\frac{M_{\text{in}}M_{\text{cube}}}{r^2}$$

这里的$M_{\text{in}}$代表位于某个球体内的恒星质量，球的半径最远直到立方体，$M_{\text{cube}}$代表立方体的质量，$r$是立方体到恒星中心的距离，$G$是牛顿万有引力常数。例如，如果立方体位于恒星表面，那么$M_{\text{in}}$就代表恒星的总质量。如果立方体位于其他位置，$M_{\text{in}}$就小于恒星的总质量。

我们现在正在取得进展，因为要想让立方体上的作用力达到平衡（我们提醒你，这意味着立方体不会移动，并且指的是恒星不会爆炸或坍塌[3]），我们要求：

$$(P_{\text{bottom}}-P_{\text{top}})\ A=G\frac{M_{\text{in}}M_{\text{cube}}}{r^2} \tag{1}$$

在这里，$P_{\text{bottom}}$和$P_{\text{top}}$是电子气体对立方体的顶面和底面所施加的压力，$A$是立方体每一个面的面积（记住，压力所施加的作用力等于压力乘以该面积）。我们将这个方程标上“(1)”，因为它非常重要，我们在后文中还要提到它。

**步骤3：**泡上一杯茶，为我们已经取得的成绩感到高兴，因为在完成步骤1之后，我们会得出压力$P_{\text{bottom}}$和$P_{\text{top}}$，并且步骤2已经详细地说明了如何使作用力达到平衡。但是真正的工作还在后头，因为我们实际上仍然要执行步骤1，并确定出现在方程（1）左边的压差。这是我们的下一个任务。

---

[3] 我们可以推广到整个恒星，因为我们并没有指定立方体的具体位置。如果我们可以证明位于恒星内部任何位置的立方体都不会移动，这意味着所有这些立方体都不会，并且恒星是稳定的。

想象一颗恒星充满了电子和其他物质。电子是如何散射开的呢？让我们把注意力集中到一个“标准的”电子上。我们知道，电子服从泡利不相容原理，这意味着两个电子不可能位于同一个空间区域。对于我们一直称之为恒星内“电子气体”（electron gas）的电子海洋来说，这又意味着什么呢？因为电子必定是相互分开的，我们可以假设每个电子都独自待在恒星内一个虚构的极小立方体里。实际上，这不完全正确，因为我们知道电子分为两种——“自旋向上”和“自旋向下”——并且泡利原理只是禁止相同的粒子靠得太近，这意味着我们能够在一个立方体内放置两个电子。这和如果电子不遵守泡利原理会发生的情况相对应。在那种情况下，两个电子不会同时待在一个“虚拟容器”内。实际上，它们可以分散开并享受一个更大的存在空间。事实上，如果我们忽视电子的相互作用，以及电子与恒星内的其他粒子相互作用的各种方式，那么它们的存在空间就没有任何限制了。

我们知道，当我们把一个量子粒子局限起来会发生什么：根据海森堡的不确定性原理，它会到处跃迁，受到的局限越大，它跃迁得就越厉害。这意味着，随着我们未来的白矮星的坍缩，电子就受到越来越大的局限，这使得它们跃迁得越来越厉害。正是它们的跃迁产生的压力阻止了引力的坍缩。

我们可以做得更好，因为我们可以用海森堡的不确定性原理来确定一个电子的标准动能。特别是，如果我们将电子局限在一个大小为 $\Delta x$ 的区域内，那么它四处跃迁的标准动能为 $p \sim h/\Delta x$。实际上，在第 4 章我们曾提出，这更像是一个动能的上限，标准动能介于零和这个值之间；请记住这个信息，因为后面还会用到。知道了动能之后，我们可以马上认识到两件事。首先，如果电子不服从泡利不相容原理，那么它们不会被局限在一个大小为 $\Delta x$ 的区域内，而是会在一个更大的区域。这反过来会导致抖动较少的结果，而抖动较少又意味着压力减弱。所以现在很清楚了，泡利原理在平衡游戏里发挥了什么样的作用；它使电子受到了挤压，于是根据海森堡不确定性原理，它们获得了一个增压抖动。马上我们就会将这个增压抖动的概念转化为一个压力公式，但首先我们应该提到我们学过的牛顿第二定律。因为动量 $p = mv$，电子抖动的速度还反向取决于它的质量，所以电子四处跃迁的活跃程度，比同样是恒星构成部分的较重原子核要高得多，这也是为什么原子核施加的压力无足轻重的原因。那么，既然我们已经知道了一个电子的动能，又该如何去计算一个相似的电子气体施加的压力呢？

我们首先需要做的是，算出包含电子对的这块区域应该有多大。我们这块区域的体积为（$\Delta x$）$^3$，因为要把恒星内的所有电子都装入这类区域，我们可以用恒星内电子的数量（$N$）除以恒星的体积（$V$）来表示这个数量。我们需要 $N/2$ 个容器来容纳所有的电子，因为每个容器可以包含两个电子。这意味着，每个容器将占据的体积为（$V$）除以 $N/2$，这就等于 2（$V/N$）。在下面内容中，我们将经常会提到 $N/V$ 这个数量（恒星内每单位体积内的电子数量），所以我们用符号 $n$ 来表示它。现在，我们可以写出容器的体积应为多大才能包含恒星内所有的电子，即 $(\Delta x)^3=2/n$。取等式右边的立方根，我们得出这样的结论：

$$\Delta x = \sqrt[3]{2/n} = (2/n)^{1/3}$$

现在我们可以把这个等式放入不确定性原理的表达式中，得到电子的量子抖动（quantum jiggling）产生的标准动能：

$$p \sim h\ (n/2)^{1/3} \qquad (2)$$

在这里，“～”符号的意思是“类似的东西”。这个表达式显然有点含糊，因为电子不会全部以完全相同的方式抖动：有些电子移动的速度比标准值快，有些移动的速度就慢一些。海森堡不确定性原理无法告诉我们，到底有多少个电子是以这个速度在移动，又有多少个电子是以那个速度在移动。相反地，它提供了一个更“宽泛”的解释，如果你向下挤压一个电子，那么它会抖动的动能就约为 $h/\Delta x$。我们要将它作为标准动能，并假设所有的电子都一样。在这个过程中，我们会损失一些计算的精确度，却能换来一个极大的简化结果，我们这样想当然是一种正确的物理学思维模式。[4]

---

〔4〕当然可以更精确地计算出电子是如何到处移动的，但代价就是会涉及到更多的数学算式。

现在，我们知道了电子的速度，这个信息足以让我们算出它们对极小立方体施加的压力。为了弄清楚这一点，想象一支电子“舰队”正以相同的速度（$v$）和相同的方向，往一个平整的镜面前进。它们碰到镜面后被反弹回来，再以相同的速度但却是朝着相反的方向前进。让我们计算电子对镜面所施加的压力。之后，我们可以尝试更现实的计算，其中的电子并不都是朝着同一个方向前进。这种方法在物理学里是很常见的——对于你想要解决的问题，首先考虑一个简单的版本。通过这样的方式，你就可以逐渐了解物理学，不会出现“贪多嚼不烂”的情况，并可树立信心，进而去处理更为困难的问题。假设上面提到的电子舰队每立方米含有 $n$ 个粒子，为了便于论证，它的圆横截面面积为 1 平方米，如图 12.4 所示。在 1 秒钟内，有 $nv$ 个电子将击中镜面（如果以米/秒为单位来衡量 $v$）。我们知道，因为在 1 秒钟内与镜面相距 $v\times1$ 秒范围内的所有电子（即图中所画的管道中的所有电子），都会撞击到镜面。由于圆形筒状物的体积等于其横截面积乘以其长度，管道的体积为 $v$ 立方米，由于舰队中每立方米有 $n$ 个氮电子，因此每一秒钟击中镜面的电子数应为 $nv$ 个。

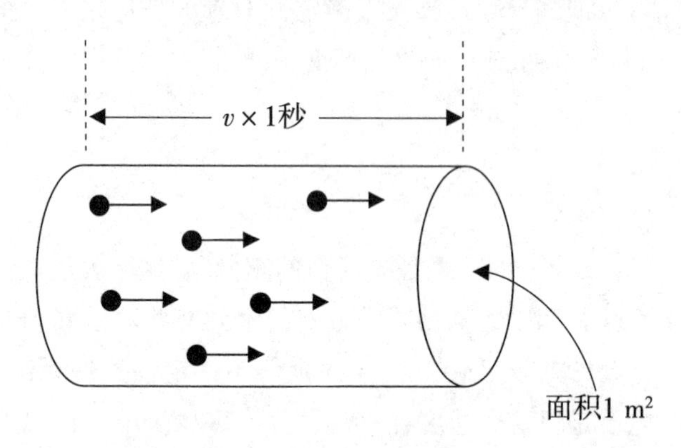


**图 12.4　一支电子舰队（小圆点）都朝着一个方向前进。在每 1 秒钟里，这种尺寸的管道中的所有电子都会撞击到镜面。**

当每一个电子从镜面弹回，它获得了一个相反的动能，这意味着每一个电子动能的变化相当于 $2mv$。现在，正如需要力量才能阻止一辆前进中的巴士，并让它朝着相反的方向前进一样，需要一个力来扭转一个电子的动能。在这里，我们又要再一次遇见艾萨克·牛顿了。在第 1 章里，我们写下了牛顿第二定律 $F=ma$，但这次是更一般陈述里面的一个特殊情况，它指出作用力等于动能变化的速度。[5] 因此，整支电子舰队将对镜面施加一个净作用力 $F = 2mv \times (nv)$，因为这是每秒钟内每个电子动能的变化。由于电子束的横截面为1平方米，这个作用力也等于电子舰队在镜面上施加的压力。

从一支电子舰队到一个电子气体只有一步之遥。不是所有的电子都沿着同一个方向前进，我们应该考虑到还有一些电子向上运动，一些向下运动，一些向左运动，等等。净效应是减少了在任何一个方向上的压力，系数为6（考虑到一个立方体有6个面），这样就是 $(2mv) \times (nv) / 6 = nmv^2/3$。我们可以将这个方程的 $v$ 替换成电子运动的标准速度（即前面的方程（2）），得到一颗白矮星内电子产生的压力的最终结果：[6]

$$P = \frac{1}{3}nm\frac{h^2}{m^2}\left(\frac{n}{2}\right)^{2/3} = \frac{1}{3}\left(\frac{1}{2}\right)^{2/3}\frac{h^2}{m}n^{5/3}$$

如果你还记得，我们说过这只是一个估算。使用更多的数学算式得出的完整结果应该是：

$$P = \frac{1}{40}\left(\frac{3}{\pi}\right)^{2/3}\frac{h^2}{m}n^{5/3} \tag{3}$$

这是一个美好的结果。它告诉我们，在恒星内某处的压力与该处每单位体积电子数量的5/3次方成正比。你不用担心我们在这种近似处理中得到的比例常数不正确——其他的一切都对了，这才是最重要的。事实上，我们已经说过，我们估计的电子动能可能有点偏大，这也是为什么我们估计的电子压力大于真正值的原因。

从电子密度的角度来知悉恒星内部的压力是一个良好的开端，但如果用恒星内部的实际质量密度来描述，就能更好地达到我们的目的。我们这样做有一个很肯定的假设，即，绝大部分的恒星质量来自原子核，而不是

---

〔5〕牛顿第二定律可写成 $F = \mathrm{d}p/\mathrm{d}t$。在质量为常数的情况下，这可以写成我们更熟悉的形式：$F = m\mathrm{d}v/\mathrm{d}t = ma$。

〔6〕在这里，我们根据一般规则 $x^a x^b = x^{a+b}$，对各部分进行了组合。

电子（一个质子的质量几乎是一个电子质量的 2 000 倍以上）。我们还知道，恒星内的电子数必须等于质子数，因为恒星是电中性的（不显电性的）。为了得出质量密度，我们需要知道恒星内部每立方米有多少个质子和中子，并且我们不应该忘记中子，因为它们是融合过程的一个副产物。对于轻质量的白矮星，其核心主要是氦-4，它是氢融合的最终产物，这意味着质子和中子的数量相等。现在，对我们使用的一些符号作一下解释。原子质量数 $A$，一般用来计算原子核内质子数 + 中子数的数目，对于氦-4 而言，$A=4$。原子核内的质子数用符号 $Z$ 代表，对于氦而言，$Z=2$。现在我们可以写下电子密度 $n$ 和质量密度 $\rho$（发音“柔”）之间的关系：

$$n = Z\rho/(m_p A)$$

并且我们已经假定，质子的质量 $m_p$ 和中子的质量是一样的。这能更好地服务于我们的目的。数量 $m_pA$ 是每个原子核的质量；那么 $\rho/(m_pA)$ 是每单位体积内原子核的数目，并且 $Z$ 乘以它就是每单位体积的质子数，它必须和电子数是一样的——这就是方程式告诉我们的。

我们可以使用这个方程来替代方程（3）中的 $n$，并且因为 $n$ 和 $\rho$ 是成正比的，结果就是压力成比例地随密度的 5/3 次方变化。我们刚刚发现可以导出一个明显的物理等式：

$$P = k\rho^{5/3} \qquad (4)$$

而且，我们不用太过担心纯数字会限定压力的整体规模，这就是为什么我们只是用一个符号 $\kappa$（发音“卡帕”）来代替它们整个。值得一提的是，$\kappa$ 取决于 $Z$ 和 $A$ 的比率，因此它会随着不同类型的白矮星而变化。将一些数字捆绑在一起并用一个符号来代替，有助于我们“看明白”什么是最重要的。在这种情况下，符号可能会分散我们的注意力，让我们忽视了最重要的一点，即恒星内的压力和密度之间的关系。

在我们继续进行下去之前，请注意，量子抖动产生的压力并不取决于恒星的温度。它只和恒星被挤压的程度有关。也有一个额外的因素会导致电子压力增加，因为电子由于温度的影响“通常”是到处高速移动的，恒星的温度越高，电子到处移动的速度越快。我们刚才并没有谈论这方面的因素导致的压力，因为时间有限，并且如果我们接下来要计算它的话，我们会发现，与大得多的量子压力相比，它实在是不值一提。

最后，我们准备将量子压力的方程式放入方程（1）中，它很关键，值得我们在这里再重复一遍：

$$(P_{\text{bottom}} - P_{\text{top}})\ A = G\frac{M_{\text{in}}M_{\text{cube}}}{r^2} \tag{1}$$

但这并不像听起来那么容易，因为我们需要知道小立方体的顶面和底面所承受压力的差别。我们可以完全从恒星内部密度的角度来重写方程(1)，该密度在恒星内部随位置的不同而变化（一定是这样，否则在立方体上就不会存在压力差），然后我们可以尝试解方程，以确定密度是如何随着离开恒星中心的距离而变化的。这样做就是要解一个微分方程，然而，我们不想上升到那种数学难度。相反地，我们更富于随机应变的能力，运用我们的聪明才智少进行一些计算，以便于利用方程（1）来推断一颗白矮星的质量和它半径之间的关系。

显而易见，小立方体的大小以及它在恒星内部的位置完全是任意假定的，我们准备作出的关于恒星是一个整体的结论，绝不能依赖于小立方体的细节情况。让我们从做一些看上去可能毫无意义的事情开始吧。我们完全可以用恒星的尺寸来表达立方体的位置和尺寸。如果 $R$ 是恒星的半径，我们可以将立方体到恒星中心的距离写为 $r = aR$，其中 $a$ 不过是一个介于0和1之间的无量纲数（dimensionless number）。“无量纲数”在这里指的是，它是一个纯粹的数字，没有任何单位。如果 $a = 1$，立方体就位于恒星的表面，如果 $a = 1/2$，它就位于恒星表面到中心距离的一半。同样，我们可以从恒星半径的角度来描述立方体的大小。如果 $L$ 是立方体一面的长度，那么我们可以写成 $L = bR$，这里的 $b$ 也是一个纯粹的数字，如果我们希望比起恒星而言立方体相对更小的话，那么这个数字就会非常小。这么说一点都不深奥，而且在这个阶段，这些应该看起来非常明显，虽然说起来好像显得毫无意义。唯一值得注意的一点是，$R$ 是自然的距离，因为涉及到白矮星，不存在可作为其他合理选项的相关距离。

同样，我们可以将这种奇怪的对密度的痴迷之情继续下去，接着使用恒星的平均密度来表达在立方体这个位置的恒星密度。也就是说，我们可以写成$\rho=f\bar{\rho}$，其中$f$仍是一个纯粹的数字，$\bar{\rho}$是恒星的平均密度。正如我们已经说过的，立方体的密度取决于它在恒星中的位置——如果它更靠近中心，将更为密集。鉴于平均密度$\bar{\rho}$并不取决于立方体的位置，那么$f$只能这样，即$f$取决于距离$r$，这显然意味着，$f$取决于$aR$的结果。现在，这里有一条重要的信息，它是接下来计算的基础：$f$是一个纯粹的数字，但$R$不是一个纯粹的数字（因为它衡量的是距离）。这实际上意味着，$f$只能取决于$a$，而根本不能取决于$R$。这是一个非常重要的结果，因为它告诉我们，一颗白矮星的密度分布是“尺度不变性”（scale invariant）的。这意味着密度随着半径以同一种方式变化，不管恒星的半径是多大。例如，在每一颗白矮星内，在一个距离恒星中心到表面3/4路程的点上，密度将是平均密度的同一个分数，不管恒星的大小如何。可以通过两种方式来理解这个重要的结果，并且我们认为已经全部对它们进行了介绍。对其中一种方式，我们是这样解释的：“这是因为，如果$r$的任何无量纲函数（$f$就是这种函数）是一个无量纲变量的函数，那么它只能是无量纲的，并且我们可有的唯一的无量纲变量是$r/R=a$，因为$R$是我们可以运用的唯一代表距离量度的量。”

另一位作者认为，以下的表述更为清楚：“$f$一般可以以一种复杂的方式取决于$r$，即小立方体和恒星中心的距离。但在本段中，让我们假定它们是成正比的，即$f\propto r^2$。也就是说，$f=Br$，其中$B$是一个常数。在这里，关键的一点是，我们希望$f$是一个纯粹的数字，同时$r$的衡量单位是（比如）米。那是指，$B$必须用1/米来衡量，因此距离的单位可以相互抵消。那么我们应该为$B$选择什么样的衡量单位呢？我们不可以任意选择，比如‘$1\ m^{-1}$’，因为这将毫无意义，并且和恒星毫不相干。为什么不选择例如1光年$^{-1}$，并得到一个截然不同的答案呢？我们现在手上有的唯一距离是$R$，即恒星的物理半径，所以我们被迫使用这个来确保$f$永远是一个纯粹的数字。这意味着，$f$只取决于$r/R$。你应该能够看出，如果我们一开始假设$f\propto r^2$,可以得出同样的结论。”这就是他所说的，只是他的原话更长。

这意味着，如果一个小立方体位于离恒星中心距离$r$的位置，它的尺寸为$L$，体积为$L^3$，它的质量可以表达为$M_{cube}=f(a)L^3\bar{\rho}$。我们写成$f(a)$而不是$f$，为的是要提醒我们，$f$真的只取决于我们选择的$a=r/R$，而不是恒星的尺寸大小。同一论据还可以用来证明，我们可以写成$M_{in}=g(a)M$，其中$g(a)$又只是$a$的一个函数。例如，函数$g(a)$中，$a=$

1/2 时，说明恒星的质量中有多大比例位于半径为恒星半径一半的球体上，对于所有的白矮星，这个比例都是一样的，不论它的半径有多大，因为前一段中我们已经讨论过这一点。〔7〕你可能已经注意到，我们正在不断努力地解决出现在方程（1）中的各种符号，通过将一些无量纲量（$a$，$b$，$f$，$g$）和只取决于恒星质量与半径（恒星的平均密度取决于 $M$ 和 $R$，因为$\bar{\rho}=M/V$，并且球体的体积 $V=4\pi R^3/3$）的量相乘得出的结果来代替它们。为了完成任务，我们只需要对压力差做同样的事情，我们可以［利用方程(4)］写成 $P_{bottom}-P_{top}=h\ (a,\ b)\ k\bar{\rho}^{513}$，其中 $h\ (a,\ b)$ 是一个无量纲变量。事实上，$h\ (a,\ b)$ 同时取决于 $a$ 和 $b$，是因为压力差不仅取决于立方体所处的位置（用 $a$ 表示），也取决于它有多大（用 $b$ 表示）：立方体越大，压力差也会越大。关键的是，就像 $f\ (a)$ 和 $g\ (a)$ 一样，$h\ (a,\ b)$ 也不取决于恒星的半径。

我们可以利用刚才推断出来的表达式来改写方程（1）：

$$(hk\bar{\rho}^{5/3})\times(b^2R^2)=G\frac{(gM)\times(fb^3R^3\bar{\rho})}{a^2R^2}$$

它看起来有些混乱，不太像是我们能够再用一页纸的篇幅就能彻底解决的问题。关键是要注意到，它表达的是恒星的质量和半径之间的关系——这两者之间的具体关系已经触手可及了（或者你还需要费很大工夫才能算出这个距离，这取决于你处理数学算式的能力）。在代入恒星的平均密度〔即 $=\bar{\rho}M$ /（$4\pi R^3/3$）〕后，这个看似混乱的方程可以重新排列为：

$$RM^{1/3}=\kappa/(\lambda G) \tag{5}$$

其中，

$$\lambda=\frac{3}{4\pi}\frac{bfg}{ha^2}$$

---

〔7〕对于喜欢数学的人，显示为 $g(a)=4\pi R^3\bar{\rho}\int_0^a x^2f(x)dx$，即，一旦我们知道函数 $f\ (a)$，实际上就确定了函数 $g\ (a)$。

现在 $\lambda$ 只取决于无量纲量 $a$、$b$、$f$、$g$ 和 $h$，这意味着它并不取决于所有描述恒星作为一个整体的量 $M$ 和 $R$，并且这意味着对所有的白矮星来说，它的值都是一样的。

如果你担心，如果我们改变 $a$ 和/或 $b$（即改变小立方体的位置和/或尺寸）会发生什么，那么你就还没有明白我们的这一论证。就表面的值来看，当然看起来好像改变 $a$ 和 $b$ 会改变 $\lambda$，所以我们会得到一个不同的 $RM^{1/3}$。但那是不可能的，因为我们知道，$RM^{1/3}$ 取决于恒星，而不取决于小立方体的具体特性，对于后者我们并不关心。这意味着 $a$ 或 $b$ 的任何变化都会通过 $f$、$g$ 和 $h$ 相应的改变得到补偿。

方程式（5）相当清楚地表明，白矮星可能存在。这个方程告诉我们，因为我们已经成功地让引力－压力方程式取得了平衡（方程式（1））。这是一件不平凡的事情——因为有可能 $M$ 和 $R$ 的任何组合都不能满足这个方程式。方程式（5）还作出了一个预测，$RM^{1/3}$ 必须是一个常数。换句话说，如果我们抬头仰望天空，并对白矮星的半径和质量进行测量，我们会发现，对于每一颗白矮星，半径乘以质量的立方根都是同一个数值。这是一个很大胆的预测。

我们可以对刚刚提出的论据作出某些改进，因为可能可以确切地计算出 $\lambda$ 的值，但那样做我们需要求解关于密度的一个二阶微分方程，这是一个偏离本书主题太远的数学任务。请记住，$\lambda$ 是一个纯粹的数字：它就是“它”，并且我们可以用一个略为高阶的算术来算出它。我们在这里并没有真正把它计算出来，但这并不会有损于我们已经取得的成绩：我们已经证明了白矮星能够存在，并且我们还设法预测了它们的质量和半径。在计算出 $\lambda$ 后（可在家用电脑上计算），并且代入 $\kappa$ 和 $G$ 的值后，我们作出了一个预测：

$$RM^{1/3} = (3.5 \times 10^{17}\,\mathrm{kg}^{1/3}\,\mathrm{m}) \times (Z/A)^{5/3}$$

对于纯氦核、碳核或氧核（$Z/A = 1/2$），它等于 $1.1 \times 10^{17}\,\mathrm{kg}^{1/3}\,\mathrm{m}$。对于纯铁核，$Z/A = 26/56$，并且数字 1.1 将略微下降到 1。我们查阅了学术文献，并收集了银河系中 16 颗白矮星的质量和半径数据。对于每一颗白矮星我们都计算了 $RM^{1/3}$，结果表明，根据天文观测的结果，$RM^{1/3} \approx 0.9 \times 10^{17}\,\mathrm{kg}^{1/3}\,\mathrm{m}$。天文观测和理论推断之间取得了让人兴奋的一致——我们已经成功地运用了泡利不相容原理、海森堡不确定性原理和牛顿万有引力定律，预测了白矮星的质量和半径之间的关系。

当然，这些数字也存在一些不确定性（理论值为1.0或1.1，观测值等于0.9）。通常来说，我们应该进行一项正确的科学分析，讨论一下理论与实验取得一致的可能性有多大，但对于我们的目的而言，这种分析是不必要的，因为在这里，理论与实验已经取得了惊人的一致，太美妙了！我们已经设法弄清楚了这一切，并且达到了类似10%的精确度，这也是一个令人信服的证据，它表明，我们对恒星和量子力学有了一个正确的认识。

如果是专业物理学家和天文学家，他们不会就此结束。他们将会渴望尽可能详细地测试一下这种理论的认识，这也意味着要对我们在这一章的表述作一些改进。特别是，一个经过改进的分析，应该考虑到恒星的温度对它的结构会有一些影响。此外，电子海洋密集地围绕着带正电荷的原子核，并且在我们的计算里，我们完全忽略了电子和原子核之间的相互作用（以及电子与电子之间的相互作用）。我们之所以忽略这些东西，是因为我们认为，它们对我们的简化处理只能起到相当小的修正作用。在进行了更详细的计算之后，我们的这种说法得到了证明，这也是为什么我们的简化处理和观测到的数据如此一致的原因。

我们显然已经了解了很多：我们已经确认了，电子压力能够支撑一颗白矮星，并且我们已经设法在保证一定精确度的情况下预测了，如果我们增加或减少恒星的质量后，它的半径会如何变化。不会像“普通的”恒星很快地耗尽燃料，请注意，白矮星的一个特点在于，增加它的质量会让它变小。这是因为我们添加的这些额外的质量会增加恒星的引力，进而导致它坍塌。从表面数字来看，方程（5）中表达的关系意味着，在恒星的体积缩小到接近为零之前，我们需要添加一个无限量的质量。但这不是实际发生的情况。重要的是，正如我们在本章开头提到的，我们最终认识到，电子是如此紧密地挤压在一起，以至于爱因斯坦的狭义相对论变得非常重要，因为电子的速度开始接近光速。对我们计算的影响是，我们必须停止使用牛顿的运动定律，必须采用爱因斯坦的相对论代替它们。我们现在应该明白，正是这个造成了所有的不同。

我们将要发现的是，随着恒星越来越重，电子产生的压力将不再和密度的5/3次方成正比；相反地，压力增加的速度会比密度增加的速度慢。接下来我们会进行计算，但我们马上可以看到，这可能给恒星带来灾难性的后果。这意味着，当我们增加质量，引力通常也随之增加，但压力的增加量则相对较小。当电子快速移动时，随着密度的变化，压力随之变化的速度比密度慢，恒星的命运正取决于这个变化速度之间的差距。很显然，现在我们应该弄明白，“在相对论的情况下”来看电子气体的压力是多少。

幸运的是，我们不需要再次搬出爱因斯坦的理论，因为计算接近光速运动的电子气体的压力，和刚才我们在讨论“缓慢移动”的电子气体时的推论过程几乎是一样的。关键的区别在于，我们不能再写成 $p = mv$ 了，因为这已经不再适用了。然而，依然适用的是，电子施加的作用力还是等于动能变化的速度。之前我们曾推断，一支电子舰队从镜面反弹回来时施加的压力为 $P = 2mv \times (nv)$。在相对论的情况下，我们可以写出同样的表达，但前提是我们将 $mv$ 用动量 $p$ 替换掉。我们还假设，电子的速度接近光速，所以我们可以用 $c$ 代替 $v$。最后，我们还是要除以6，才能得到恒星内的压力。这意味着，我们可以写成，相对论性气体（the relativistic gas）的压力是 $P = 2p \times nc/6 = pnc/3$。像以前一样，现在我们可以继续，并且利用海森堡不确定性原理来宣称，受局限电子的标准动能是 $h\ (n/2)^{1/3}$，并且因此：

$$P = \frac{1}{3}nch\left(\frac{n}{2}\right)^{1/3} \propto n^{4/3}$$

我们可以再次拿这个和确切的答案作比较，

$$P = \frac{1}{16}\left(\frac{3}{\pi}\right)^{1/3} hcn^{4/3}$$

最后，我们可以使用和之前一样的方法论，从恒星内部的质量密度的角度来表达压力，并推出方程（4）的替代方程：

$$P = \kappa' \rho^{4/3}$$

在这里，$\kappa' \propto hc \times [Z/(Am_p)]^{4/3}$。正如我们之前说过的，随着密度的增加，压力也增加，但后者增加的速度比起在非相对论情况下相对较慢。具体来说，密度是以 4/3 次方增加，而不是 5/3。这种变化导致速度减慢的原因可以追溯到这样一个事实，即电子运动的速度不能超过光速。这意味着，我们用来计算压力的“变量”系数 $nv$ 在为 $nc$ 达到饱和量，并且电子气体无法以足够的速度来将电子传送到镜面（或立方体的某个面）以保持 $\rho^{5/3}$ 的情况（压力以 5/3 次方增加）。

现在我们可以探讨这个变化的意义，因为我们可以通过与在非相对论情况下同样的论证，来将方程式（5）转化为对等的方程：

$$\kappa' M^{4/3} \propto GM^2$$

这是一个非常重要的结果，因为不像方程（5），这个方程并不取决于恒星的半径。这个方程告诉我们，这类充满了光速电子的恒星只能有一个非常具体的质量值。在将之前段落中的 $\kappa'$ 代入后，我们得到一个预测：

$$M \propto \left(\frac{hc}{G}\right)^{3/2} \left(\frac{Z}{Am_P}\right)^2$$

这正是我们在本章开始时所预言过的，一颗白矮星可以具有的最大质量。我们非常接近钱德拉塞卡所取得的结果。剩下尚不明白的是，为什么这个特殊的值是可能的最大质量。

我们已经知道，对于质量不太大的白矮星来说，半径不会太小，并且电子不会被挤压得太厉害。因此它们的量子抖动的幅度不会太大，它们的速度比光速要小。我们已经看到，对于这些恒星，它们处于稳定的状态，它们的质量-半径关系存在的形式为 $RM^{1/3}$ = 常数。现在设想一下增加恒星的质量。根据质量-半径关系我们得知，恒星会收缩，因此电子被压缩得更加厉害，那意味着它们抖动的速度更快。增加质量后，恒星就会收缩得更多。因此，恒星质量的增加会导致电子速度的增加，直到最终它们运动的速度接近光速。同时，压力会缓慢地从 $P \propto \bar{\rho}^{5/3}$ 变化为 $P \propto \bar{\rho}^{4/3}$。在后一种情况下，恒星只有在质量为某一特定值时才能保持稳定。如果质量的增加超出了这个特定的值，那么 $\kappa' M^{4/3} \propto GM^2$ 的右边会比左边大，于是方程式不再保持平衡。这意味着，电子压力（方程左边）不足以平衡向内牵拉的引力（方程右边），于是恒星必然坍塌。

如果我们在处理电子动能时更加仔细，并且已经不厌其烦地引入高级数学计算来算出缺失的数字（还是可以在个人电脑上完成的小任务），我们就可以准确地预测白矮星的最大质量。它是：

$$M=0.2\left(\frac{hc}{G}\right)^{3/2}\left(\frac{Z}{Am_{\mathrm{P}}}\right)^{2}=5.8\left(\frac{Z}{A}\right)M_{\odot}$$

这里，我们将一连串的物理学常数用在我们的太阳质量（$M_{\odot}$）上重新进行了表达。请注意，顺便说一句，就算做了刚才我们没有做的那些额外的辛苦活，得到的回报仅仅是得出一个比例常数，它的值为0.2。这个方程得出了我们寻觅已久的钱德拉塞卡极限：1.4 个太阳质量（$Z/A=1/2$）。

我们的探讨到这里真正结束了。

这一章的计算比前面章节的数学难度要高，但我们认为，这一章也最壮观地展示了现代物理学的纯粹力量。可以肯定的是，它不是一种通常意义上“有用”的东西，但它肯定是人类精神的一个伟大胜利。我们用到了相对论、量子力学和仔细的数学推理，正确地计算出了根据泡利不相容原理为了对抗引力的一团物质可以具有的最大尺寸。这意味着科学是正确的；无论量子力学看起来似乎是多么的奇怪，它却真实地描述了现实世界。这是一个很好的结束方式。

# 扩展阅读

在准备写作本书时，我们参考了很多书，但其中有一些值得一提并强烈推荐。

想要了解量子力学的历史，可以参考亚伯拉罕·派斯的两本了不起的著作：《内界：物理世界的物质和作用力》（*Inward Bound：Of Matter and Forces in the Physical World*）和《上帝是不可捉摸的：爱因斯坦的科学与生平》（*Subtle Is the Lord：The Science and the Life of Albert Einstein*）。这两本书都具有相当的专业性，但它们在史料上的详实程度也是无与伦比的。

理查德·费曼的著作《QED：光和物质的奇异性》（*QED：The Strange Theory of Light and Matter*）和本书处于同一难度水平，而且主题更为集中。顾名思义，它讲述的是量子电动力学的理论。正如费曼的大部分著作一样，阅读它会带来一种享受。

对于那些试图寻找更多细节的人来说，最好的讲述量子力学基础的著作，在我们看来仍然是保罗·狄拉克的《量子力学原理》（*The Principles of Quantum Mechanics*）。读懂该书需要较高的数学水平。

我们还推荐两节可以在网上观看的课程，iTunes University的莱昂纳德·萨斯坎德（Leonard Susskind）的“现代物理学：理论最小量——量子力学”（Modern Physics：The Theoretical Minimum-Quantum Mechanics），以及牛津大学的詹姆斯·宾尼（James Binney）带来的更为高阶的“量子力学”（Quantum Mechanics）。这两门课程都需要一定的数学基础。

# 致 谢

我们要感谢许多同事和朋友帮助我们顺利完成这本书,感谢他们提供很多宝贵的建议。特别要感谢迈克·伯斯(Mike Birse)、戈登·康奈尔(Gordon Connell)、马里纳·达斯古普塔(Mrinal Dasgupta)、戴维·达驰(David Deutsch)、尼克·伊万斯(Nick Evans)、斯科特·凯(Scott Kay)、弗莱德·洛宾格(Fred Loebinger)、戴夫·麦克纳马拉(Dave McNamara)、彼得·米林顿(Peter Millington)、彼得·米切尔(Peter Mitchell)、道格拉斯·罗斯(Douglas Ross)、迈克·西摩(Mike Seymour)、弗兰克·斯沃洛(Frank Swallow)和尼尔斯·沃利特(Niels Walet)。

我们应该感谢我们的家人——内奥米(Naomi)、伊莎贝尔(Isabel)和吉娅(GIA),莫(Mo)和乔治(George)——感谢他们的支持和鼓励以及在我们全神贯注写书时照料一切。

最后,我们感谢我们的出版商和代理商休·赖德(Sue Rider)和戴安娜·班克斯(Diane Banks),感谢他们的耐心、鼓励和大力支持。还要特别感谢我们的编辑威尔·古德拉德(Will Goodlad)。

布莱恩·考克斯(Brian Cox,右),出色的物理学家,英国皇家学会研究员,英国最高荣誉“不列颠帝国勋章”得主,曼彻斯特大学粒子物理学教授,非常成功的电视节目主持人。他有三份工作:在英国曼彻斯特教书;在欧洲粒子物理实验室里研究大型强子对撞机,目标是升级大型强子对撞机的探测结果;向公众解释深奥的科学,主持系列纪录片“太阳系的奇观”“宇宙奇观”“爱因斯坦”“地平线计划”“宇宙大爆炸的机器”等。

考克斯还拥有一段十分传奇的非正统经历。他曾混迹于音乐圈子,跟随乐队进行过世界巡演,并在 D:REAM 乐队中担任键盘手。

杰夫·福修(Jeff Forshaw,左),英国曼彻斯特大学理论物理学教授,专门研究基本粒子物理学。凭借在理论物理研究领域作出的杰出贡献,他被授予“麦克斯韦物理学奖章”(Institute of Physics Maxwell Medal)。他曾在卢瑟福实验室工作。他是一位热情洋溢的演讲大师,目前主要为一年级本科生讲授爱因斯坦的相对论。他曾与人合著过一本关于相对论的教科书,也曾为剑桥大学出版社撰写过关于粒子物理学的专著。

布莱恩·考克斯和杰夫·福修著有超级畅销书《为什么 $E=mc^2$?》。他们最成功的合著论文是关于希格斯粒子与大型强子对撞机的物理分析。

**《量子宇宙》是他俩的最新杰作,世界公认的量子力学最佳入门书。**